AF279356

SETAS

SETAS

Una guía de hongos y setas comestibles y venenosas

LIZ O'KEEFE

LIBSA

AVISO LEGAL

A nuestro leal saber y entender, la información contenida en este libro es exacta.
Si no está seguro de la identidad de alguna seta que recoja, lo mejor es que
la identifique un experto. Si tiene alguna duda sobre la especie, NO COMA
NINGUNA PARTE DE LA SETA BAJO NINGUNA CIRCUNSTANCIA.
Las especies venenosas pueden ser peligrosas, incluso si se cocinan adecuadamente,
y pueden causar desde un leve malestar estomacal hasta la muerte.

Si sospecha una intoxicación por setas, llame inmediatamente a una ambulancia
o lleve a esa persona al hospital o servicio de urgencias más cercano,
junto con una muestra de la seta ingerida.

Tenga en cuenta también que algunas especies de setas son raras o están en peligro
de extinción y se clasifican como protegidas en algunos países,
por lo que no deben recolectarse.

El autor y el editor no aceptan ninguna responsabilidad legal por cualquier daño
personal derivado de cualquier error u omisión en el libro, o si un lector no sigue
las instrucciones u orientaciones contenidas en este libro.

Contenido

Introducción

Este libro es una introducción a las sorprendentes, enriquecedoras, medicinales y nutritivas setas. En él aprenderemos a identificar las principales setas comestibles y no comestibles, descubriremos cómo funciona el forrajeo y cómo se utilizan las setas en medicina, además de conocer las nuevas y radicales formas en que se está utilizando el micelio en el bello y peligroso mundo de la construcción y los programas informáticos. También veremos

cómo funciona la caótica red subterránea del micelio de las setas, no solo para producir los cuerpos fructíferos (o las setas) que comemos, sino también como todo un ecosistema que mantiene sanos y en equilibrio los bosques y las zonas verdes del mundo.

Es importante recordar que, en lo que se refiere a las setas, la civilización está solo al principio de su viaje. Todavía hay muchas setas que no entendemos del todo o que aún no hemos descubierto. El mundo de la micología siempre se está encontrando nuevas setas y los tipos existentes se reevalúan constantemente. En 2022, por ejemplo, se descubrió una nueva variante de la seta erizo, el erizo de la Reina (*Hydnum reginae*), que recibió su nombre en honor a la monarca británica, la reina Isabel II.

Los hongos pertenecen a un reino propio, diferente de los de las plantas y los animales, y obtienen sus nutrientes y su energía de la materia orgánica, en lugar de la fotosíntesis. Se dividen en cuatro grupos principales: saprótrofos, micorrízicos, parásitos y endófitos. Los hongos saprótrofos, a veces descritos como saprobios, crecen a través de hojarasca y corteza en descomposición, árboles moribundos y troncos de árboles. Descomponedores naturales, estos hongos realizan una labor crucial en bosques y arboledas, limpiando los escombros para que pueda empezar una nueva vida. Los hongos micorrízicos tienen una relación mutuamente beneficiosa con las raíces de una planta, normalmente un árbol,

Lengua de vaca[1]
Llamado así en honor de la reina Isabel II por su aspecto grandioso, este tipo se encuentra principalmente en los antiguos bosques de hayas de White Down, Surrey, en el sur de Inglaterra.

Seta langosta
La seta langosta es un hongo parásito que se apodera de otros hongos cambiando su aspecto e impidiendo que se reproduzcan. El hongo langosta envuelve al hongo huésped con una película de color naranja brillante.

[1] **N. del T.:** En inglés, *Queen's hedgehog* ('erizo de la Reina', traducido literalmente). Dado que el texto está originalmente en inglés, el párrafo alude a esa referencia. Sin embargo, no tiene una referencia directa en español.

razón por la cual muchos hongos crecen alrededor de los árboles y en bosques y arboledas. A través de su vasta red de micelio errante, el hongo intercambia agua y nutrientes, que la planta ha obtenido a través de la fotosíntesis, por azúcares, lo que significa que tanto los hongos como los árboles prosperan y trabajan juntos. Un hongo parásito funciona de forma similar al micorrícico, pero en lugar de que la relación con la planta sea mutualista, se fuerza al huésped, normalmente un árbol, y únicamente se beneficia el hongo.

De forma similar a los saprótrofos, los hongos parásitos obtienen sus nutrientes descomponiendo la materia en descomposición, aunque lo hacen en organismos que aún están vivos, dejándolos expuestos a enfermedades y putrefacción. Hay hongos parásitos que se apoderan de otros hongos, como la langosta.

Algunos hongos parásitos se apoderan de otros hongos, como la langosta, y otros hongos pueden incluso alternar entre saprótrofos, micorrícicos o parásitos en función del entorno. Los hongo endofíticos viven en

Seta cola de pavo

La seta cola de pavo es un hongo saprótrofo que vive en troncos y ramas desprendidas de frondosas muertas. Además de descomponer la vegetación, provoca podredumbre blanca.

Micelio

Este es el aspecto del micelio creciendo bajo el suelo. Los largos y finos filamentos crecen junto a las raíces de las plantas y forman una enorme red bajo tierra, en los troncos podridos de los árboles y en el sustrato.

Colorete

Esta seta muestra un buen ejemplo de lo que se conoce como «falda» en el mundo de la micología. También llamada «anillo», la falda puede ser más corta y más gruesa. La falda también puede caer por completo en la madurez, por lo que no siempre es la mejor manera de identificar una seta.

los tejidos de las plantas durante todo o parte de su ciclo vital y mantienen una relación simbiótica y mutuamente beneficiosa con su planta huésped sin causarle daños.

El relevante papel de los hongos en nuestros ecosistemas es una de las razones por las que es importante no excederse en el almacenamiento. Ayudan a reciclar los nutrientes de la materia orgánica muerta o en descomposición, proporcionándoles alimento y refugio a insectos y animales.

Si pudiéramos hacer un corte transversal de un bosque o una zona de césped, o de hecho de cualquier lugar donde haya un árbol, veríamos que, además de tener raíces de árboles y plantas, el subsuelo estaría repleto de micelio. El micelio es una red de hilos fúngicos o hifas, muy parecida a las raíces, pero más reactiva e invasiva. Una espora de hongo produce un micelio que puede unirse a otro micelio compatible para producir un cuerpo

fructífero (las setas que comemos), aunque algunos hongos también pueden reproducirse asexualmente por fragmentación. Como importante fuente de alimento para muchas lombrices, cochinillas, arañas, ácaros y otros insectos, el micelio es vital para la agricultura y prácticamente todas las plantas.

El micelio es la verdadera razón de ser de esas místicas setas en forma de anillo de hadas que han fascinado a la gente durante siglos. Los hongos crecen en forma de anillo porque el micelio o seta está en medio de ellos, bajo la superficie, brotando los hongos en forma de anillo de hadas o cuerpos fructíferos en un círculo sobre el suelo. Se cree que el organismo vivo más grande del mundo es una seta de miel, que cubre más de 930 hectáreas bajo tierra en las Montañas Azules de Oregón, más grande que una ballena azul y con una antigüedad de 8650 años.

Desmitificar la seta

A medida que vaya leyendo este libro, se encontrará con un lenguaje relacionado con las setas que puede resultar complicado de entender, así que vamos a desglosarlo. Cuando la gente mira una seta para identificarla, hay varios atributos clave que se mencionan. A saber, la falda o anillo, que es un trozo de carne que se sitúa alrededor del tallo de la seta (también conocido como pie). Difiere en tamaño y forma, y no todas las setas los tienen. Sin embargo, suelen tenerlo si en algún momento de su ciclo de crecimiento han tenido un velo universal, que es un tejido membranoso que cubre una seta con forma de huevo cuando crece por primera vez, y luego se rompe a medida que la seta se expande y desarrolla; o un velo parcial

que solo cubre las agallas desde el borde del sombrero de la seta hasta el tallo, unidas por la falda, mientras está inmadura. Algunas setas tienen simplemente una zona anular en la que parece que pudiera haber un anillo. Una volva de seta es una forma parecida a una copa en la parte inferior del tallo de una seta y es el resto de un velo universal. Un umbo es aquello que sobresale, a través de una pequeña punta elevada en el centro del sombrero de una seta, y una espora es aquello que permite descubrir el color de una seta presionándola, con las branquias hacia abajo, sobre un papel blanco para obtener una huella. Un género es una categoría taxonómica para los organismos; cuando las setas pertenecen al mismo género, tienen varias cualidades similares. También hay que decir que setas y hongos son lo mismo: *fungi* es el plural de hongo, y que *hongos venenosos* suele utilizarse como descripción de las setas que no son comestibles. La micología es el estudio de las setas, aunque este libro es solo la punta del iceberg, y un micófilo es un entusiasta de las setas, que es lo que esperamos que usted sea después de leer este libro.

Debemos tener cuidado

El mundo de las setas es un lugar maravilloso, pero también muy peligroso, y comer setas puede ser mortal. A nuestro leal saber y entender, este libro es exacto, pero el editor y el autor no aceptan ninguna responsabilidad legal por cualquier daño personal derivado de cualquier error u omisión en el libro, o de la incapacidad de un lector para seguir las instrucciones y orientaciones de este libro. En caso de duda sobre una seta que hayamos recogido, la mejor opción es consultar a un experto y, si la duda persiste, no comerla.

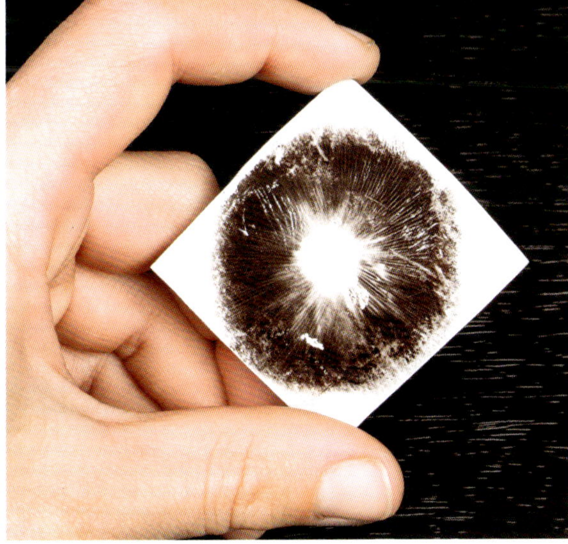

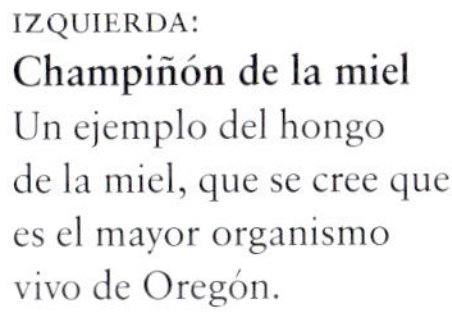

IZQUIERDA:
Champiñón de la miel
Un ejemplo del hongo de la miel, que se cree que es el mayor organismo vivo de Oregón.

ARRIBA A LA IZQUIERDA:
Oronja
La oronja es un gran ejemplo de la forma de seta «en huevo». Comienza como una seta de copa cerrada dentro de un óvalo, que se mantiene unida por un velo universal. Cuando el sombrero madura, se desprende del velo, dejando una forma de copa en la base del tallo.

ARRIBA A LA DERECHA:
Impresión de esporas
Esta impresión de esporas se puede crear colocando una seta, con las branquias hacia abajo, sobre una hoja de papel blanco y presionando la seta sobre ella. A continuación, se coloca un vaso sobre la seta y se deja reposar durante dos horas. Cuando retire la seta, verá una huella de esporas. El color de las esporas puede ser vital para la identificación de la seta.

11

Setas comestibles

Se dice que hay más de 50000 especies de setas y hongos en el mundo, pero solo comemos o consideramos comestible una parte de ellas. Esto se debe a varias razones: algunas setas simplemente no se han descubierto o investigado lo suficiente todavía, mientras que otras se han considerado las setas silvestres «seguras» que se han comido a lo largo de los años porque tienen mejor sabor y, lo que es más importante, no tienen un doble mortal con el que confundirlas. Algunas setas son comestibles, pero no son muy sabrosas ni merece la pena buscarlas, mientras que otras se consideran setas tóxicas y son peligrosas para la salud.

Este capítulo abarca la mayoría de las setas culinarias más conocidas que se consumen a diario, además de considerar setas raras o de mal sabor. Algunas de las setas que aparecen en este capítulo pueden provocar reacciones en algunas personas, mientras que otras son tan parecidas físicamente a su gemela peligrosa que no merece la pena correr el riesgo, pero se incluyen de todos modos por interés y placer.

Se considera que las setas universalmente «seguras» son el rebozuelo de verano, el pollo de los bosques, el maitake, los boletus, el erizo, la *trompette* y las bolas de polvo gigantes. Pero recuerde: incluso cuando encuentre estas setas, consulte a un experto antes de comerlas y, en caso de duda, no las recoja ni las coma.

Aunque no busque comida, identificar todas estas setas, con sus peculiaridades y complejidades, puede ser un verdadero placer.

IZQUIERDA:
Maitake
La *Grifola frondosa* es una seta maitake que se encuentra en las profundidades del bosque, normalmente en la base de un árbol.

Champiñón de caballo

También llamada seta de caballo, que crece de forma silvestre
en Europa, Asia, África y Estados Unidos, se desarrolla en anillos
de hadas en zonas herbosas como prados, setos, céspedes y parques.
Crece en abundancia, huele a anís y tiene un sabor fuerte. Esta seta
puede ser amarillenta, ya que se tiñe ligeramente de amarillo al magullarse. Los champiñones de caballo viejos tienen una carne muy densa
y son una gran alternativa cárnica en la cocina.

CARACTERÍSTICAS

Nombre común:
seta de caballo, bola de nieve

Nombre científico:
Agaricus arvensis

Comestibilidad:
acercarse con precaución

Estación:
verano a otoño/otoño

Tamaño:
3–20cm

TODAS LAS FOTOGRAFÍAS:

Olor a tinta
Cuando es joven, la seta
de caballo tiene un sombrero
en forma de cono, que cuelga
un poco más largo que otros
tipos de agaricus. Es de color
blanquecino y, cuando madura, se
parece más a una seta de campo,
aunque el sombrero puede
volverse completamente plano.

La seta de caballo es muy
parecida a la venenosa seta
amarilla, que se vuelve de color
amarillo brillante cuando se
golpea, especialmente en la base
del tallo. Huele a tinta o yodo.

Branquias
Sus branquias
comienzan siendo
de color marrón
claro y pueden
volverse casi negras
con la edad.

Base esponjosa
Tiene un tallo largo
y relativamente grueso que
es esponjoso hacia la base.

Hongo mazayel

Este infravalorado miembro del género agaricus, del que se dice que sabe a almendras,
se recolecta mejor joven, cuando su sombrero es convexo y aún tiene forma de paraguas.
Sapróbica, sobrevive gracias a la materia en
descomposición y prospera en los bosques,
bajo árboles como las coníferas, así como en
zonas de hierba y bordes de caminos. Crece
en Europa, América del Norte, África del
Norte y Asia y está estrechamente emparentada con las setas de cultivo masivo, copa
cerrada y portobello.

CARACTERÍSTICAS

Nombre común:
Hongo mazayel
Nombre científico:
Agaricus augustus

Comestibilidad:
cocer bien antes de comer
Estación:
otoño
Tamaño:
hasta 30 cm

AMBAS FOTOGRAFÍAS:
Sombrero escamoso
El hongo mazayel, que a
veces se tiñe de amarillo en
los bordes del sombrero,
tiene escamas concéntricas
marrones en su sombrero
blanco-blanquecino, con
branquias blancas que se
vuelven marrones al madurar
por debajo.

Su aspecto es similar al de
la seta tinta, pero esta tiene un
olor a yodo muy característico
y desagradable. El príncipe
puede captar el cadmio, por
lo que es mejor recoger esta
seta lejos de las carreteras y de
los humos de los coches. Debe
cocinarse antes de comerla.

Sombrero
El sombrero suele ser de color blanquecino.

Carne
Cortada por la mitad, la carne es blanca, a veces con una mancha amarilla.

Tallo
El tallo es blanco, con más escamas marrones y tiene una falda grande y flotante.

Champiñón botón

Los champiñones botón son la versión más pequeña de lo que nos hemos acostumbrado a considerar una seta típica, debido a su cultivo masivo y a su abundancia en las estanterías de los supermercados. Perteneciente a la familia de los agaricus, existen muchos tipos diferentes de *Agaricus bisporus*, también conocidos como champiñones de botón, de copa cerrada, portobello, castaño y plano.

CARACTERÍSTICAS

Nombre común:
champiñón, champiñón de copa cerrada, champiñón común, cremini

Nombre científico:
Agaricus bisporus

Comestibilidad:
puede cocinarse o comerse crudo

Estación:
otoño/otoño a invierno

Tamaño:
hasta 2-5 cm

TODAS LAS FOTOGRAFÍAS:
Tiempo de recolección
Las setas de botón silvestres crecen en la hierba, donde hay tierra de buena calidad y cerca de compost o estiércol. Los champiñones se recogen al cabo de unas dos semanas de crecimiento, cuando tienen un diámetro de 3-5 cm.

Si se les dejara crecer más, se convertirían en una seta de copa cerrada. Los champiñones botón son muy versátiles en la alimentación, y pueden comerse tanto crudos como cocinados.

Agallas
Tienen pequeñas branquias de color marrón rosado debajo del sombrero.

Tallo
Los champiñones son de color blanco brillante y tienen un tallo grueso y blanco.

Champiñón plano

Haciendo honor a su nombre, estas setas son grandes y planas, con un sombrero ancho y recto horizontalmente. Son versiones de gran tamaño de la variedad blanca del *Agaricus bisporus*, es decir, champiñones que se han dejado crecer hasta su plena madurez. Cultivados en todo el mundo, los champiñones planos crecen en zonas de hierba con suelo rico en la naturaleza. Los champiñones planos son blancos, con escamas blancas en los bordes.

CARACTERÍSTICAS

Nombre común:
champiñón plano, cremini
Nombre científico:
Agaricus bisporus

Comestibilidad:
cocinar antes de comer
Estación:
de otoño/otoño a invierno, pero se cultiva todo el año
Tamaño:
hasta 7-12 cm

Sombrero plano
Si se recolecta pronto, el sombrerillo todavía puede cubrir los extremos de las laminillas y, si alcanza la plena madurez, el sombrerillo se adelgaza y la superficie total del sombrerillo se vuelve plana.

Los champiñones planos son muy parecidos a las setas de campo y suelen confundirse con ellas. Pueden ser intercambiables en las recetas, aunque el champiñón plano tiene un sabor mucho más sutil y su sombrero suele ser más denso.

Tallo
El corto tallo es grueso (unos 2-3 cm) y las largas agallas de color marrón oscuro anidan bajo el sombrero.

Champiñón castaño

Otro miembro del popular grupo de los *Agaricus bisporus*, el champiñón castaño, es la variedad marrón de tamaño mediano de la banda.

Se cultiva en todo el mundo y se encuentra en zonas de hierba con suelo rico en la naturaleza. El champiñón castaño es una seta habitual en la mayoría de las cocinas. Debe su nombre a su parecido con el castaño de Indias, y algunos dicen que tiene sabor a nuez. Confusamente, la castaña es un nombre popular en el mundo de las setas y al menos tres o cuatro especímenes totalmente diferentes se describen como tales.

CARACTERÍSTICAS

Nombre común:

champiñón castaño, sombrero marrón, baby bella, cremini

Nombre científico:

Agaricus bisporus

Comestibilidad:

cocer antes de comer

Estación:

de otoño/otoño a invierno, pero se cultiva todo el año

Tamaño:

4-7 cm

TODAS LAS FOTOGRAFÍAS:

Sombrero aterciopelado
Las champiñones castaños tienen sombreros redondeados de color marrón claro a oscuro, de aspecto aterciopelado y rico, y su parte inferior es de un blanco brillante. El tallo es grueso y corto, y en algunos champiñones castaños grandes empiezan a formarse escamas en el sombrero.

Los castaños son un ingrediente popular en caldos, salsas y sopas.

Tallo
El tallo es grueso y corto.

Branquias
Tienen branquias muy juntas
de color marrón claro a marrón oscuro
que a veces están completamente
encerradas por el sombrero.

Sombrero
El sombrero del champiñón
castaño es de textura
aterciopelada.

Champiñón portobello

El champiñón portobello, utilizado habitualmente como alternativa
a la hamburguesa, es la versión de cepa marrón del champiñón
plano. Se cultiva en todo el mundo, además de existir en estado
silvestre, y crece sobre todo en suelos ricos en hierba. Forma parte
del grupo de los *Agaricus bisporus* y es un champiñón castaño
de mayor tamaño a la que se ha dejado crecer hasta la madurez.

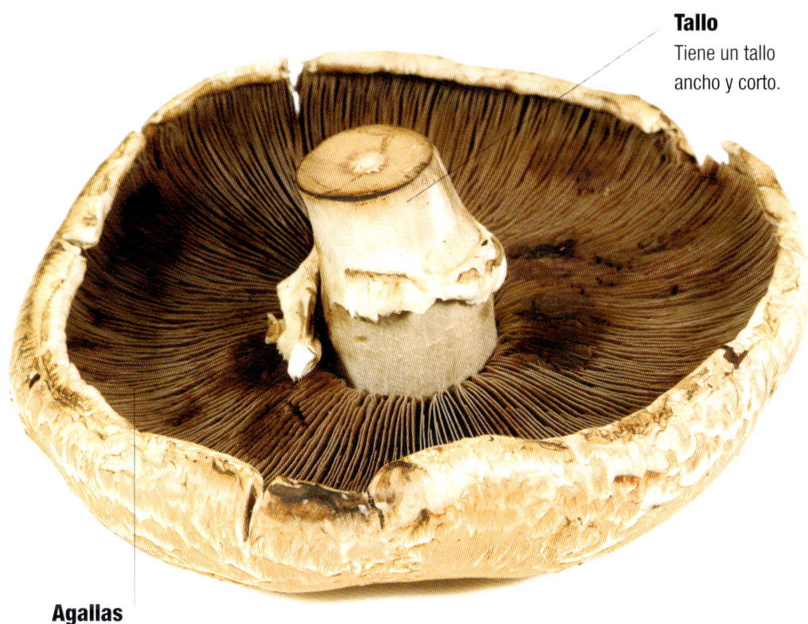

Tallo
Tiene un tallo
ancho y corto.

Agallas
El portobello tiene largas láminas de color marrón
muy oscuro que salen en espiral del tallo.

Plumas de gallina

El portobello es una seta
grande con un sombrero de
color marrón claro y escamas
marrones en los bordes, que
parecen plumas de gallina.

Debe su nombre a la ciudad
italiana del mismo nombre.
La teoría es que el nombre
se generalizó en la década de
1980, cuando los comerciantes
de los mercados no podían
vender champiñones grandes.
Hoy en día es una de las setas
más apreciadas.

CARACTERÍSTICAS

Nombre común:
champiñón portobello,
portabella, cremini

Nombre científico:
Agaricus bisporus

Comestibilidad:
cocinar antes de comer

Estación:
de otoño/otoño a invierno,
pero se cultiva todo el año

Tamaño:
7-12 cm

Seta de acera

Otro miembro del tipo agárico, la seta de acera recibe su nombre por su tendencia a introducirse por los huecos de las losas de pavimento, e incluso del hormigón, para producir. Esta seta crece en grupos y se encuentra en bordes de carreteras y caminos, bajo los árboles y en jardines. Este hongo saprótrofo, que crece en Norteamérica, Asia, Australia y Europa, es subterráneo y a menudo madura bajo tierra si no puede atravesar lo que tiene encima.

Sombrero blanco

Tiene un sombrero blanco convexo, que puede volverse liso e incluso en forma de embudo a medida que la seta envejece. Al cortarlo, la carne es blanca, pero puede volverse rosada.

Esta seta puede alcanzar varios tamaños y es mejor recolectarla joven para evitar gusanos y bichos. Estas setas deben cocinarse bien antes de comerlas.

CARACTERÍSTICAS

Nombre común:
seta de acera, agárico en banda, agárico de primavera

Nombre científico:
Agaricus bitorquis

Comestibilidad:
cocer bien antes de comer

Estación:
de primavera a otoño/otoño

Tamaño:
5-10 cm

Agallas
Tiene branquias apretadas de color blanco/rosa a marrón.

Tallo
El tallo es robusto y blanco, y tiene un doble faldón.

Seta medusa

La medusa es una seta agárica que aparece tras las lluvias de principios de verano y otoño, con un bonito dibujo de encaje en su sombrero blanco, similar al del príncipe. Estas setas sapróbicas abundan en el sur de Europa, Serbia, Norteamérica, Sudáfrica y Australia, y crecen en las raíces de los árboles y en zonas cubiertas de hierba en racimos y grupos. Una vez maduros, los tallos pueden volverse curvos y los grupos de la seta en esta fase parecen un grupo de serpientes a lo Medusa.

Sombrero
El sombrero tiene escamas marrones dispuestas en círculos concéntricos.

IZQUIERDA:

Branquias
La seta medusa, que comienza siendo blanca y se vuelve marrón con la edad, tiene escamas marrones en el sombrero dispuestas en círculos concéntricos. Contiene branquias de color rosa a marrón, un tallo blanco de hasta 20 cm de largo, con una doble falda, y carne de color blanco a marrón en el interior con un poco de enrojecimiento.

De sabor suave, se trata de una seta silvestre no ofensiva que se puede utilizar en la cocina.

CARACTERÍSTICAS

Nombre común:
seta medusa

Nombre científico:
Agaricus bohusii

Comestibilidad:
cocinar antes de comer

Estación:
de verano a otoño/otoño

Tamaño:
Sombrero de 5-20 cm

Seta campesina

Uno de los hongos más comunes en todo
el mundo, la seta campesina, crece en campos
o zonas cubiertas de hierba, y fructifica justo
después de la primavera, cuando el clima
se vuelve más cálido, brotando en racimos
después de las lluvias. Desde el punto de vista
científico, esta seta es muy parecida
a los champiñones de copa cerrada/botón
y a los champiñones portobello, cuyo
cultivo está muy extendido en la actualidad.
Los champiñones tienen un olor característico a «seta» y su sabor puede ser intenso.

Sombrero
Los sombreros de
los champiñones varían
en apariencia e intensidad
de sabor en función de
su edad. Los sombreros
de los champiñones
comienzan siendo blancos
y brillantes y desarrollan
escamas marrones a
medida que envejecen.

TODAS LAS FOTOGRAFÍAS:
Agallas
Los champiñones tienen agallas
de color marrón oscuro bajo
el sombrerillo y un anillo/
faldón alrededor del tallo,
que desaparece con el tiempo.

Debido a los cambios en
la agricultura de los últimos
30 años, esta seta sapróbica
ya no es tan abundante
como antes. Si las encuentra,
cocínelas en lugar de comerlas
crudas, ya que pueden estar
infestadas de bichos
y suciedad.

CARACTERÍSTICAS

Nombre común:
seta campesina, seta de prado
Nombre científico:
Agaricus campestris

Comestibilidad:
cocinar antes de comer
Estación:
de verano a otoño/otoño
Tamaño:
3-11 cm

Bola de nieve

Esta seta agárica crece en anillos de hadas y como solitarios en el borde de bosques, y en prados y zonas herbosas. Esta seta, común en toda Europa, debe el nombre a que sus esporas son muy grandes en comparación con las de otros agáricos. Es mejor recoger y comer esta seta joven cuando, al igual que el príncipe, huele a almendras, pero sabe a champiñón. Sin embargo, puede oler a orina cuando alcanza la plena madurez.

Agallas
Tienen branquias grises/rosadas que cambian gradualmente a marrón oscuro con la edad.

Tallo
Los tallos firmes son blancos y rugosos por encima del anillo suelto.

CARACTERÍSTICAS

Nombre común:
bola de nieve
Nombre científico:
Agaricus crocodilinus

Comestibilidad:
cocinar antes de comer
Estación:
de verano a invierno
Tamaño:
6-25 cm

TODAS LAS FOTOGRAFÍAS:
Sombrero
El sombrero empieza en forma de globo, luego se vuelve convexo y termina plano en plena madurez. Es de color crema a marrón claro y puede volverse amarillo, con algunas escamas pardiscas en el centro de la parte superior. Los tallos son blancos y rugosos por encima del anillo suelto y lisos por debajo.

Cuando se corta por la mitad, el tallo es blanco y se vuelve marrón claro.

Champiñón sangrante

El champiñón sangrante, que crece en zonas cubiertas de hierba, se encuentra en todo el mundo en climas templados. Cubierta de escamas grises peludas que se han comparado con el pelo, esta seta rosácea se pone roja, lo que puede parecer una señal de advertencia de la naturaleza, pero en este caso la seta es comestible si se cocina. Esta seta debe cocinarse a fondo antes de comerla y se dice que tiene un sabor muy rico y carnoso.

<table>
<tr><td>

CARACTERÍSTICAS

Nombre común:

champiñón sangrante,
agárico de carne rojiza

Nombre científico:

Agaricus langei

Comestibilidad:

cocinar antes de comer

Estación:

de verano a otoño/otoño

Tamaño:

hasta 15 cm

</td></tr>
</table>

Sombrero

El sombrero tiene escamas marrón pálido sobre blanco y pasa de convexo a plano con la edad.

Esta seta puede parecerse a la seta de madera más pequeña, que también es comestible. Es similar a otros agáricos cultivados principalmente en los tiempos modernos, a saber, el botón, la copa cerrada y el portobello, y puede utilizarse en recetas que se adapten a esos hongos.

Tallo

El tallo, de color blanquecino, a veces entre rosa y rojo, tiene un faldón importante, bajo el cual hay escamas marrones.

Agallas

Las agallas apretadas son de color rosa a marrón rojizo.

Champiñón anisado

La seta de madera, que crece en bosques mixtos principalmente en Europa y Norteamérica, es un miembro delicado del grupo de los agaricus, con una vida útil corta. Es muy parecida a la seta de caballo, ya que tiene un fuerte aroma a anís y su color es amarillo claro, si bien es mucho más pequeña cuando está completamente madura. Tiene una falda grande y delicada, y las agallas apretadas pasan de rosáceas a marrón oscuro a medida que envejece.

Velo

Tiene un velo o rueda dentada que cubre las agallas cuando es joven y se desprende con la edad.

Capuchón

El capuchón blanco es de bulboso a convexo y luego plano cuando madura.

CARACTERÍSTICAS

Nombre común:
champiñón anisado
Nombre científico:
Agaricus silvicola

Comestibilidad:
cocer bien antes de comer
Estación:
de verano a otoño/otoño
Tamaño:
8-15 cm

Sombrero bulboso
Esta seta tiene un tallo largo, delgado y blanco con un sombrero blanco, bulboso cuando es joven.

El champiñón anisado debe cocinarse bien y consumirse lo antes posible tras su recolección. Es similar a dos setas venenosas, el agaricus amarillo (*Agaricus xanthodermus*) y el *Agaricus pilatianus*. Ambas manchan de un amarillo muy evidente cuando se cortan y no huelen a anís.

Seta de la almendra

De sabor dulce y olor a almendras, la seta de la almendra es un buen hallazgo. Crece comúnmente en Norteamérica, Sudamérica, Europa, Irán, Australia y Asia. Saprótrofos, los hongos de la almendra viven sobre hojas muertas y brotan en grandes racimos y ocasionalmente solitarios. Se les atribuyen propiedades medicinales. Cultivado en Estados Unidos, el hongo de la almendra se considera una gran seta culinaria.

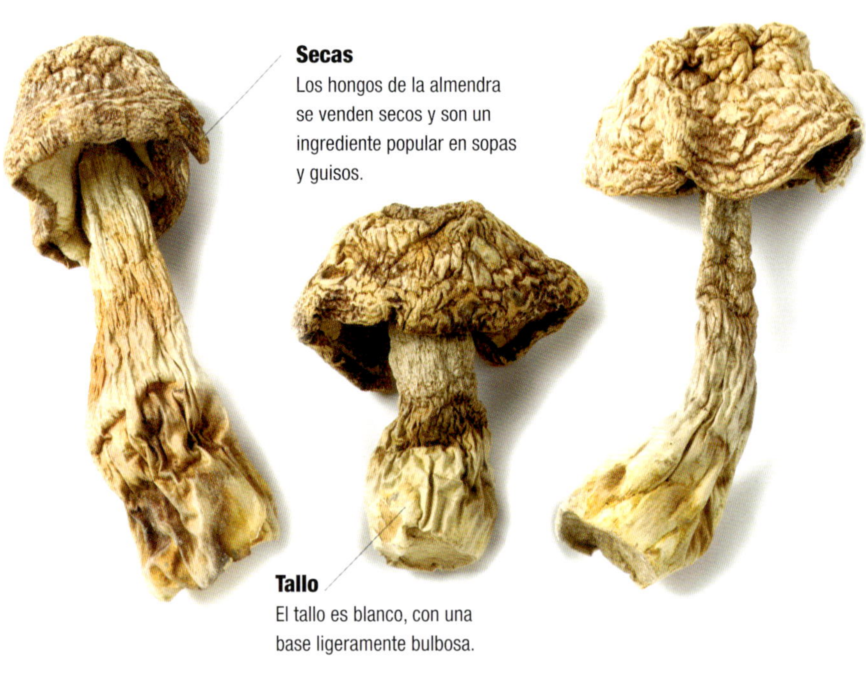

Secas
Los hongos de la almendra se venden secos y son un ingrediente popular en sopas y guisos.

Tallo
El tallo es blanco, con una base ligeramente bulbosa.

CARACTERÍSTICAS

Nombre común:
seta de la almendra, seta del sol, seta de Dios, seta de la vida, agaricus del sol real

Nombre científico:
Agaricus subrufescens

Comestibilidad:
cocinar antes de comer

Estación:
verano a otoño/otoño

Tamaño:
3-18 cm de ancho

DERECHA:
Sombrero convexo
Tienen un capuchón convexo de color blanco a gris apagado, a veces rojizo, cubierto de fibras sedosas cuando son jóvenes, que se convierten en escamas a medida que el hongo envejece.

Cuando la seta es joven, las branquias están cubiertas de escamas lanosas, pero estas desaparecen a medida que el espécimen envejece. Las láminas, de color rosa a marrón, no están unidas al tallo, que tiene un doble faldón y es bulboso hasta el final.

Branquias
Las agallas
están apretadas.

Sombrero
El champiñón
de los bosques
comienza con
un sombrero
de forma convexa.

Tallo
El tallo blanco es
bulboso en la parte
inferior. Por encima
de su anillo grande
y suelto, el tallo
es liso, mientras
que por debajo es
escamoso.

Champiñón de los bosques

Esta seta del bosque parece ruborizarse y se vuelve de color rojo brillante cuando se golpea o se corta su sombrero o su tallo. Otros agáricos se vuelven rojos cuando se golpean, pero ninguno tan rápido y brillante como esta seta. Se encuentra en Europa y Norteamérica y crece alrededor de las coníferas en grupos pequeños o aislados. A veces se confunde con la seta de madera escamosa comestible, que sí se pone roja, pero no tan brillantemente como el champiñón de los bosques.

Sombrero cambiante
Con un sombrero convexo al principio de su vida que se vuelve plano en la madurez, el champiñón de los bosques tiene escamas de color rojo a marrón en su sombrero de color blanquecino a marrón y branquias de color marrón rosáceo muy apretadas.

Cuando se corta, la carne blanca de la seta se pone roja y luego marrón.

Se considera un buen comestible, pero debe cocinarse bien antes de consumirlo.

CARACTERÍSTICAS

Nombre común:
champiñón de los bosques, agárico de carne rojiza

Nombre científico:
Agaricus sylvaticus

Comestibilidad:
cocer bien antes de comer

Estación:
de verano a otoño/otoño

Tamaño:
sombrero de 15 cm

Búsqueda de setas para comer

Buscar setas es un pasatiempo muy enriquecedor. Es mucho más que encontrar algo para comer o identificar una seta correctamente, o incluso encontrar esa seta que nunca pensaste que encontrarías. Buscar setas es una experiencia y un privilegio, una conexión con la naturaleza y el mundo, algo mucho más grande y eficaz de lo que probablemente nunca llegaremos a comprender. Una vez que entiendes las setas y cómo crecen en la naturaleza, aunque solo sea un poco, te abres a muchos conocimientos y detalles. Ser una pequeña parte de eso recogiendo o simplemente observando una seta… da mucha alegría.

Las setas pueden ser difíciles de ver, ya que se camuflan muy bien en su entorno, pero una vez que te das cuenta de que una hoja es en realidad una seta y que el árbol que tienes delante tiene pequeños escalones de seta trepando por su tronco, descubrirás todo un mundo nuevo.

Ayudas para buscar setas

Cuando busquemos setas, debemos llevar una cámara, un cuaderno y un bolígrafo a fin de poder registrarlas e identificarlas a medida que las vayamos encontrando. Es útil hacer una foto, ya que después puedes anotar los detalles del hábitat, lo que puede llevar a una identificación positiva.

Recogida de setas

Algunas setas pueden arrancarse fácilmente del suelo o, si se prefiere, cortarlas por la parte inferior del tallo con una navaja.

Recoger con moderación

Es importante para el ecosistema coger solo algunas de las setas que encuentre, para que los hongos puedan seguir haciendo su trabajo vital descomponiendo el bosque y para que otras plantas puedan crecer.

Dónde buscar

La mayoría de las setas comestibles se encuentran en los bosques, cerca de los árboles, en zonas de hierba como campos, parques y céspedes, y en la hojarasca o la madera en descomposición. Si busca una seta en particular, puede localizar y orientar sus condiciones de crecimiento; por ejemplo, el árbol cerca del que crece, y decidir dónde ir a partir de ahí.

Por regla general, si se dirige a un bosque o zona boscosa desde finales de verano hasta el otoño e incluso el comienzo del invierno, verá varios ejemplares que le permitirán iniciar su misión de identificación. Si va a buscar para recolectar, primero debe asegurarse de que se encuentra en una zona en la que es legal y ambientalmente aconsejable hacerlo.

- Acuda con bolsas de papel y un rotulador para escribir los nombres, un cuaderno para anotar los hallazgos, una cámara para tomar imágenes para identificar más tarde y poder anotar el hábitat de crecimiento del espécimen, y una navaja para cortar.
- Para identificar completamente una seta, es necesario cortarla por la mitad longitudinalmente, para ver cómo son sus branquias/poros, su tallo y su sombrero.
- También conviene observar si la seta se mancha o cambia de color al cortarla y si las láminas cambian de color o supuran cuando están dañadas.

- Incluso se puede hacer una impresión de las esporas presionando las branquias o poros de la seta sobre un papel blanco y, al cabo de dos horas, ver de qué color es, lo que puede ser crucial para identificar setas mortales.

Un pequeño recordatorio: precaución

Sea cual sea la seta, lo más importante que hay que recordar es que, en caso de duda, hay que dejarla fuera. Incluso los buscadores más experimentados piden una segunda o incluso tercera opinión cuando encuentran una seta de la que no están seguros.

Aunque he escrito mucho sobre setas, no me comería una seta que encontrara sin la confirmación de su comestibilidad por parte de un buscador profesional. En el accesible mundo de las redes sociales, esto no es difícil de conseguir y puede ser tan sencillo como enviar un mensaje o una foto por correo electrónico. Por qué no preguntar a unas cuantas personas y, si las respuestas no son unánimes, no arriesgarse.

No debemos tomar una decisión basándonos únicamente en este libro: ¡lo mejor es comprobarlo dos veces, hacer referencias cruzadas e ir sobre seguro! Lo bueno de buscar setas es que no hace falta comérselas para sentir esa emoción. Únicamente con identificar las setas y aprender más sobre el mundo que te rodea es más que suficiente.

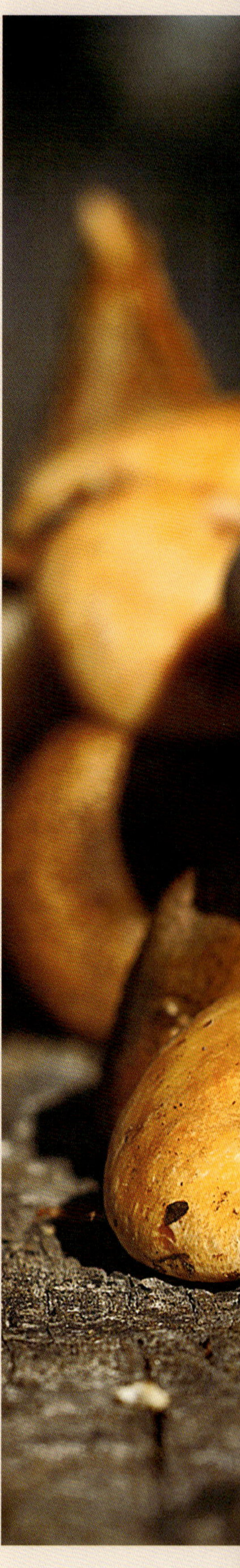

ARRIBA:

Identificación de setas

Las setas tienen muchas formas diferentes. Algunas tienen las branquias muy juntas, otras espaciadas con longitudes irregulares. Otras tienen poros en lugar de branquias o, a veces, pequeñas espinas o pinchos. El color de las agallas o los poros, las huellas de las esporas y la delgadez, el grosor o el color del tallo ayudan a identificar una seta cuando se busca comida.

DERECHA:

El momento adecuado para la recolección

Recoja las setas cuando sean jóvenes y de buena calidad.

Asegúrese primero de que la seta no ha sido medio devorada por una babosa o un caracol, y de que tiene un color brillante y una textura firme, en su caso. Algunos ejemplares maduros pueden causar molestias estomacales, sobre todo si han empezado a descomponerse.

Agrocybe de primavera

Generalmente crece en setos, tierra, virutas de madera, compost y jardines domésticos. Tiene un aspecto similar al agárico, pero en realidad es un agrocybe, que contiene unas 100 especies diferentes de setas. Este saprobio, que crece de forma silvestre en Europa, Norteamérica y África, suele aparecer a principios de año.

Sombrero
En el interior, la carne del sombrero es firme y casi blanca.

Tallo
El tallo suele medir de 4 a 7 cm de largo.

Láminas
Las láminas de esta seta suelen estar muy juntas.

CARACTERÍSTICAS

Nombre común:
agrocybe de primavera

Nombre científico:
Agrocybe praecox

Comestibilidad:
aproximarse con precaución

Estación:
de primavera a verano

Tamaño:
3-9 cm

TODAS LAS FOTOGRAFÍAS:
Sombrero grasiento
Esta seta tiene un sombrero de color amarillo sucio que parece grasiento cuando es joven, y agallas blancas y apretadas con un velo parcial que se convierte en una falda y un largo tallo blanco. Aunque técnicamente es comestible, los buscadores de setas suelen pensar que el agrocybe de primavera no merece la pena comerlo. No solo es amarga y de textura dura, sino que no se distingue de las setas tóxicas con las que está emparentada. Si decide comer esta seta, le aconsejamos que la cocine bien.

Cazoleta anaranjada

De color naranja brillante y con volantes, no es difícil adivinar de dónde proviene el nombre de esta seta. Parece que alguien ha pelado una naranja y la ha tirado al suelo. Es sapróbica y crece en suelos desnudos y zonas cubiertas de hierba de Europa, Sudamérica y Norteamérica. Similar a la oreja de Judas y la oreja negra, esta seta es de sabor suave y se utiliza en la cocina por su color y textura.

En forma de cinta
Tiene un aspecto acintado y deforme, sobre todo cuando crece en racimos.

Tallo
Tiene un tallo muy corto y pequeño que se adentra en la tierra.

TODAS LAS FOTOGRAFÍAS:

Poros superficiales

Con sombreros de color naranja brillante, pero más pálidos y aterciopelados por debajo, la cazoleta anaranjada tiene poros en lugar de agallas en la parte superior de la seta. Si crece con mucho espacio, puede tener la forma de un cuenco perfecto.

Esta seta tiene semejanzas con otras no comestibles. Concretamente con la otidea, de color naranja claro, y la caloscypha, que se decolora a azul y verde y aparece en primavera.

CARACTERÍSTICAS

Nombre común:
cazoleta anaranjada, oreja de asno

Nombre científico:
Aleuria aurantia

Comestibilidad:
cocinar antes de comer

Estación:
verano a otoño/otoño

Tamaño:
2-10 cm

Oronja

Originaria de Europa y especialmente apreciada en Italia, esta seta de color naranja brillante y aspecto ovoide crece como una seta de paja durante gran parte de su vida, con el sombrero y el tallo cerrados desde abajo por un velo blanco con una volva en forma de copa en la parte inferior. Se encuentra en toda Europa, África, China, India e Irán, y crece alrededor de los robles. Se dice que era una de las favoritas de los emperadores romanos.

CARACTERÍSTICAS

Nombre común:
oronja, seta del César, ovolo

Nombre científico:
Amanita caesarea

Comestibilidad:
cocer antes de comer

Estación:
verano a otoño/otoño

Tamaño:
6-18 cm

TODAS LAS FOTOGRAFÍAS:
Dos formas
Esta seta tiene dos formas: la forma de huevo, y cuando la seta se libera y muestra un gran sombrero convexo de color naranja brillante a naranja rojizo.

Conocida por su sabor parecido al albaricoque y su delicada textura, la oronja tiene un aspecto similar al de la mortífera *Amanita muscaria*. Aunque tiene un sombrero rojo con manchas blancas, la mosca agárica puede desprenderse de sus manchas y su enrojecimiento se desvanece. Por ello, es mejor recolectar las oronjas cuando son jóvenes.

Agallas
El sombrero liso y brillante tiene branquias amarillas apretadas.

Tallo
El tallo amarillo tiene una falda y una volva blanca en forma de copa en la parte inferior.

Grisette piel de serpiente

Esta seta micorriza tiene un sombrero con aspecto de piel de serpiente. Crece en el suelo entre las hojas y en bosques abiertos. La grisette piel de serpiente, que suele encontrarse en Europa y Norteamérica, tiene un sabor dulce y suave, pero, por desgracia para los buscadores, es casi indistinguible del agárico real, que provoca náuseas y alucinaciones.

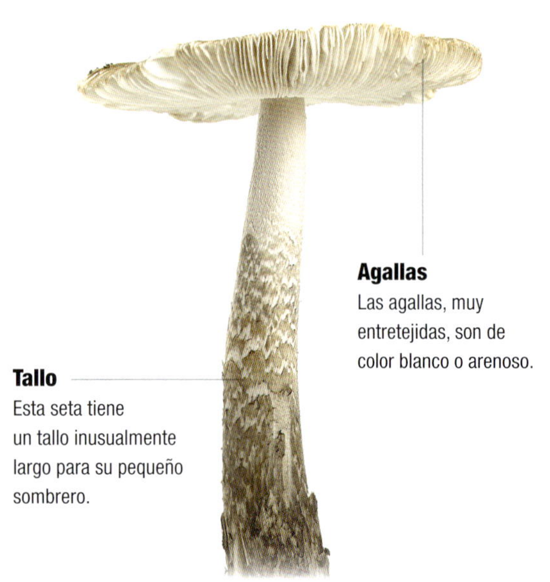

Tallo
Esta seta tiene un tallo inusualmente largo para su pequeño sombrero.

Agallas
Las agallas, muy entretejidas, son de color blanco o arenoso.

CARACTERÍSTICAS

Nombre común:
grisette piel de serpiente, amanita estrangulada
Nombre científico:
Amanita ceciliae

Comestibilidad:
aproximarse con precaución
Estación:
verano a otoño/otoño
Tamaño:
5-19 cm

DERECHA:
Gorro gris lanoso
La piel de serpiente grisácea tiene un capuchón de color amarillo brillante a marrón claro con manchas de color gris lanoso que rodean el capuchón en círculos concéntricos. Es una amanita, por lo que comienza en forma de huevo y se transforma en seta, razón por la cual tiene una volva en la parte inferior del tallo.

Esta seta está estrechamente relacionada con la *Amanita muscaria*, que es mortalmente venenosa.

Amanita enfundada

La amanita enfundada es una seta micorriza de color miel que crece en bosques caducifolios y de coníferas, principalmente bajo robles, abedules y pinos. Crece en toda Europa y Norteamérica y le gustan los suelos ácidos.

Esta seta pertenece al mismo género que algunas setas venenosas, entre ellas el sombrero de la muerte, por lo que hay que tener mucho cuidado para identificarla correctamente.

Sombrero

Su sombrero, de color naranja a marrón, cambia de forma acampanada a plana con una zona central elevada en la madurez.

Láminas

Sus branquias apretadas son de color más claro y de diferente longitud entre sí.

Tocón de volva

La amanita enfundada crece en forma de huevo y tiene el muñón de la volva todavía en la parte inferior del tallo grueso, hueco y blanco. El tallo es largo (unos 15 cm) en comparación con el capuchón acampanado, que es de color miel dorado y tiene estrías verticales en forma de lineas que suben por el capuchón desde el borde hasta la mitad.

No se aconseja comer esta seta, pero si se hace, debe cocinarse bien antes de comerla.

CARACTERÍSTICAS

Nombre común:
amanita enfundada

Nombre científico:
Amanita fulva

Comestibilidad:
aproximarse con precaución

Estación:
verano a otoño/otoño

Tamaño:
Sombrero de 9 cm

Agallas
Sus apretadas agallas están
libres del tallo y son blancas,
aunque se enrojecen cuando
se dañan, al igual que la carne
blanca de su interior.

Tallo
El tallo tiene una falda larga
de color entre marrón y blanco,
con un ribete blanco, y presenta
líneas o crestas claras.

Volva
El tallo, largo y grueso,
es de color blanquecino
a marrón claro, y sale
de una volva, que se
vuelve bulbosa en la
parte inferior del tallo.

Colorete

El colorete, que crece en abundancia en los bosques de Europa y Norteamérica, es una seta micorriza que se tiñe de rojo al cortarla o dañarla. Pertenece al género amanita, que cuenta con numerosas especies venenosas. El colorete es la viva imagen de la amanita pantera. Solo hay algunas diferencias sutiles entre ambas, aunque lo más importante es que la amanita pantera no se pone roja. No obstante, se aconseja a los buscadores de setas aficionados que se mantengan alejados de esta seta.

TODAS LAS FOTOGRAFÍAS:

Cabeza escamosa

El sombrero de la seta colorete, que con el tiempo pasa de convexo a plano, es de un color gris pardo similar al del shiitake, aunque puede ser rosáceo o negro, y presenta escamas blancas a grises en círculos concéntricos.

El colorete debe cocinarse antes de consumirlo, ya que crudo es tóxico y puede provocar anemia. Se dice que tiene un sabor parecido al de la ternera.

CARACTERÍSTICAS

Nombre común:
colorete, amanita rojiza
Nombre científico:
Amanita rubescens

Comestibilidad:
acercarse con precaución;
cocinar bien antes de comer
Estación:
de primavera a invierno
Tamaño:
20 cm de ancho

Hongo pera

Este hongo sapróbico con forma de pera crece en racimos en la madera podrida de coníferas de todo el mundo. Tiene forma de seta con sombrero y tallo, pero en realidad tiene un solo cuerpo dentro de su piel nudosa. Dispersa las esporas a través de un poro situado en la parte superior de la seta.

Se aconseja pelar y cocer este hongo antes de comerlo. Tiene un sabor suave y una textura ligeramente viscosa.

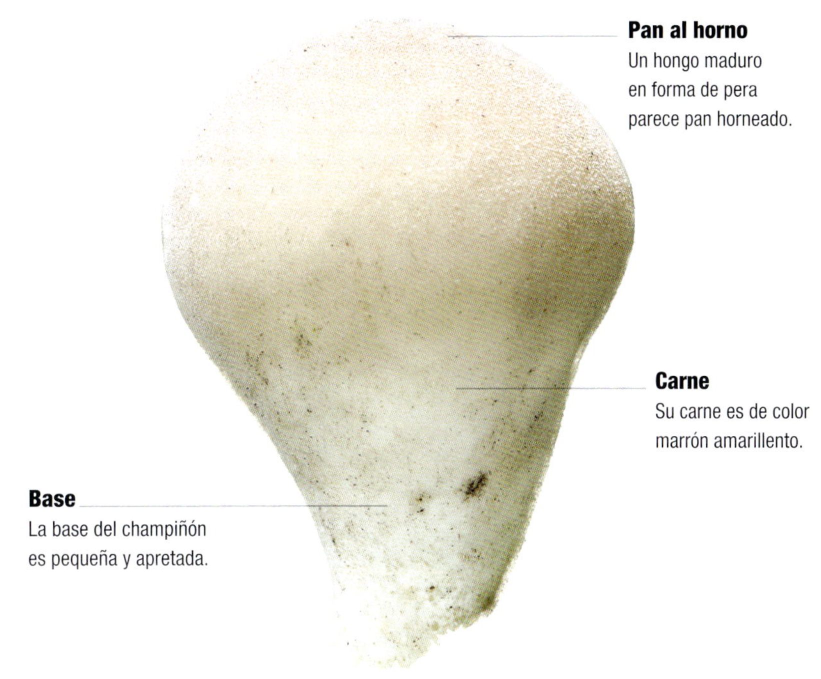

Pan al horno
Un hongo maduro en forma de pera parece pan horneado.

Carne
Su carne es de color marrón amarillento.

Base
La base del champiñón es pequeña y apretada.

ARRIBA, A LA IZQUIERDA:
Pera al revés
Con forma de pera al revés, este hongo se parece a los demás porque es de color blanco a marrón claro y tiene una carne blanca y densa cuando se corta. Si la carne se vuelve amarilla o marrón, se está preparando para liberar sus esporas y no es comestible. En su estado inmaduro, presenta verrugas en relieve, como el bejín común (véase a la izquierda), pero a medida que madura, las verrugas desaparecen y la piel adquiere un color marrón tostado y parece pan horneado (véase arriba).

CARACTERÍSTICAS

Nombre común:
hongo pera, hongo muñón
Nombre científico:
Apioperdon pyriforme

Comestibilidad:
cocer y pelar antes de comer
Estación:
verano a invierno
Tamaño:
3-5 cm de ancho

Oreja de Judas

Del mismo género y muy parecidas a las orejas de madera, las orejas de Judas son unas setas sapróbicas gelatinosas y finas que crecen en la corteza de árboles en descomposición, sobre todo saúcos y hayas, en condiciones de humedad y sombra. Haciendo honor a su nombre, la seta tiene una consistencia gelatinosa y parece múltiples orejas humanas opacas de color marrón claro que crecen de un árbol.

Desecada
Cultivada en todo el mundo, se suele vender desecada.

Aterciopelada
Esta seta, que crece en sombreros circulares huecos, es aterciopelada en apariencia y al tacto por fuera.

CARACTERÍSTICAS

Nombre común:
oreja de goma, oreja de Judas

Nombre científico:
Auricularia auricula-judae

Comestibilidad:
cocer antes de comer

Estación:
se cultiva todo el año

Tamaño:
3-10 cm

DERECHA:

Hongo arbóreo
Crece de forma silvestre en racimos en Asia, Europa y Norteamérica, y no le afectan las heladas, ya que crece durante todo el año. Es de color más claro y más brillante en el interior, donde hay poros en forma de tubo. El tallo es casi inexistente y conecta el hongo fructífero con el árbol.

De textura gomosa y crujiente, esta seta se utiliza en la cocina asiática. Se le atribuyen propiedades medicinales y puede aliviar el dolor de garganta.

Oreja de madera

La seta conocida como oreja de madera es sapróbica y crece en árboles en descomposición y troncos caídos en ambientes tropicales húmedos. Originaria de China, aunque también se encuentra en el sur de Asia y Australasia, esta seta tiene propiedades medicinales y se utiliza mucho en la cocina asiática, sobre todo en platos calientes y sopas. Se cultiva mucho, pero se conserva poco tiempo fresco, por lo que suele venderse seco.

CARACTERÍSTICAS

Nombre común:
oreja de madera, hongo negro

Nombre científico:
Auricularia polytricha

Comestibilidad:
cocer antes de comer

Estación:
de verano a invierno,
pero se cultiva todo el año

Tamaño:
4 cm

TODAS LAS FOTOGRAFÍAS:
Oreja de cerdo
El color de esta seta depende del árbol en el que creció, por lo que sus colores pueden ir desde marrón amarillento a marrón oscuro o incluso negro. Tiene forma de oreja de cerdo, frondosa y de apariencia gelatinosa. A veces puede tener un color marrón rojizo y presenta pequeñas crestas venosas en la parte inferior del sombrero. Parece endeble, pero es resistente y tiene un tallo pequeño y corto que sale del racimo en el que crece.

Desecada
Cuando se rehidrata, esta seta adquiere una textura resbaladiza y crujiente.

Porcini

El porcini es probablemente el hongo silvestre culinario más apreciado en Europa y más allá, y su temporada genera entusiasmo en todo el mundo. Es un hongo sapróbico que crece en los suelos del bosque, entre hojas en descomposición y musgo. Su sombrero marrón castaño brillante le permite camuflarse fácilmente. Originario de Europa, el porcini también crece en China, Sudáfrica y América del Norte, y pertenece al género boletus.

CARACTERÍSTICAS

Nombre común:
porcini, hongo blanco, calabaza

Nombre científico:
Boletus edulis

Comestibilidad:
cocinar antes de consumir

Estación:
de otoño/invierno

Tamaño:
7-30 cm de sombrero

Sombrero esponjoso

Los hongos porcini tienen un sombrero brillante y convexo, de color marrón claro a oscuro, que puede ser ligeramente moteado y de textura esponjosa.

A diferencia de otros hongos, el tallo del porcini es tan sabroso como su sombrero. Los porcini tienen un sabor dulce y a nuez, con un fuerte umami, y una textura firme pero sedosa. Existen hongos porcini tóxicos similares, pero la carne del porcini no cambia de color al magullarse y, cuando se corta, es de color blanco.

Seta de San Jorge

Las setas de San Jorge son un indicio de la primavera y, en el Reino Unido, suelen aparecer en torno al Día de San Jorge, patrón inglés, en abril. Son de los primeros hongos culinarios de la temporada y resultan muy apreciados por los restaurantes de toda Europa. Son pequeñas y compactas, y crecen en la hierba en anillos, formando racimos en toda Europa. Esta seta tiene un olor a harina y una textura calcárea.

Sombrero
El sombrero tiene una forma típicamente convexa.

Láminas
Las láminas son pálidas y están muy juntas.

CARACTERÍSTICAS

Nombre común:
seta de San Jorge, perrechico

Nombre científico:
Calocybe gambosa

Comestibilidad:
debe cocinarse antes de consumir

Estación:
primavera

Tamaño:
2-8 cm

IZQUIERDA:
Champiñón clásico
De color blanco a marrón cremoso en el sombrero, las setas de San Jorge se recolectan generalmente cuando son pequeñas, con un tamaño de sombrero de aproximadamente 2-4 cm, momento en el que tienen su mejor sabor. Tienen el aspecto típico de un hongo: sombrero convexo, tallo corto y robusto de color blanco o blanco crema, y láminas apretadas y pálidas que van desde el tallo hasta el borde del sombrero.

Una seta de San Jorge más vieja podría confundirse con el hongo de primavera, *Calocybe gambosa*, pero este último se vuelve rojo al magullarse.

Bola de polvo gigante

Se encuentra en praderas, campos y alrededor de bosques. Las bolas de polvo son grandes esferas de carne de hongo que se asemejan a balones de fútbol. Su textura es similar a la del sombrero de un hongo de copa cerrada, pero sin las láminas, y es densa y sólida en su interior. Crece en Europa y América del Norte, tanto en anillos de hadas como de manera individual. En otoño, a la gente le gusta buscar la bola de polvo más grande.

Raíces

La bola de polvo gigante no tiene un tallo y se adhiere al suelo mediante raíces finas en forma de hilos.

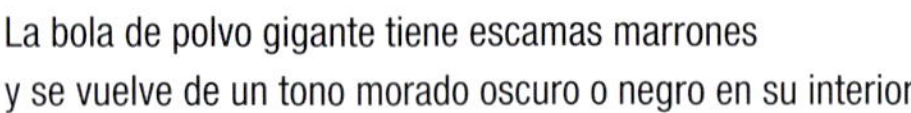

Escamas marrones

La bola de polvo gigante tiene escamas marrones y se vuelve de un tono morado oscuro o negro en su interior.

TODAS LAS FOTOGRAFÍAS:

Bola de polvo

La bola de polvo gigante suele ser redonda a ovalada y blanca. Se debe recoger y comer cuando es joven, cuando la carne interior es densa y blanca. Si el interior ha tomado un color verde o marrón, está a punto de liberar sus esporas, a través de un único poro en la parte superior de la bola de polvo, y no es comestible.

La carne de una bola de polvo es antihemorrágica y se puede utilizar para detener hemorragias.

CARACTERÍSTICAS

Nombre común:
bola de polvo gigante

Nombre científico:
Calvatia gigantea

Comestibilidad:
cocinar antes de consumir

Estación:
verano a otoño

Tamaño:
90 cm de diámetro

Rebozuelo dorado

Este hermoso hongo dorado es originario de Europa y es común desde principios de verano hasta finales de otoño. Crece en pequeños grupos en bosques, especialmente en suelos musgosos alrededor de los abedules y hayas. A menudo se le compara con una flor. Existen un par de hongos mortales que se parecen a los rebozuelos, pero los rebozuelos dorados siempre serán blancos cuando se les corte por la mitad.

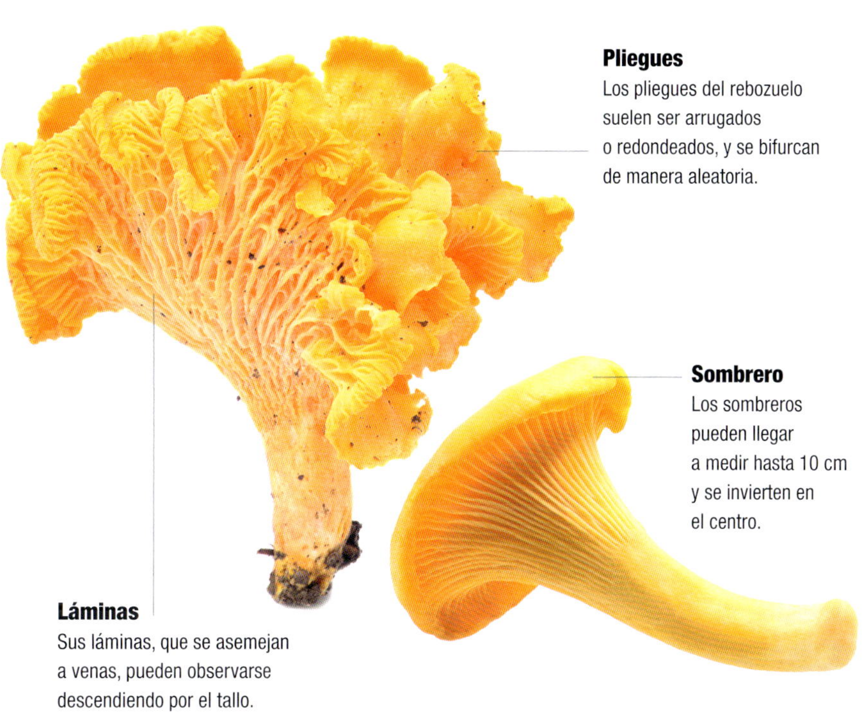

Pliegues
Los pliegues del rebozuelo suelen ser arrugados o redondeados, y se bifurcan de manera aleatoria.

Sombrero
Los sombreros pueden llegar a medir hasta 10 cm y se invierten en el centro.

Láminas
Sus láminas, que se asemejan a venas, pueden observarse descendiendo por el tallo.

IZQUIERDA:
Forma de embudo
La apariencia del rebozuelo dorado puede variar considerablemente a lo largo de su extensa temporada. La primera aparición de los rebozuelos es pequeña y ordenada, casi del tamaño de un champiñón de botón; las láminas y los sombreros se mantienen compactos, con los sombreros cubriendo los bordes de las láminas debajo. Al final de la temporada, adquieren forma de embudo. Llenos de vitamina D, los rebozuelos dorados tienen un color albaricoque. Su sabor también se ha comparado con el de la fruta.

CARACTERÍSTICAS

Nombre común:
rebozuelo dorado, girolle, rebozuelo de verano

Nombre científico:
Cantharellus cibarius

Comestibilidad:
cocinar antes de consumir

Estación:
verano a otoño

Tamaño:
7-10 cm

Parasol escamoso

Con escamas marrones elevadas que le dan un aspecto de pelaje, este hermoso hongo esponjoso crece en anillos de hadas entre bosques y setos en Europa y América del Norte. A pesar de su nombre, no está estrechamente relacionado con el parasol, aunque se parecen, siendo el parasol generalmente más pequeño y con un patrón que recuerda a la piel de serpiente. A veces se considera no comestible, ya que este hongo puede causar molestias gástricas.

CARACTERÍSTICAS

Nombre común:
parasol escamoso, sombrilla lanuda, apagador menor

Nombre científico:
Chlorophyllum rhacodes

Comestibilidad:
proceder con precaución

Estación:
verano a otoño

Tamaño:
15 cm de diámetro

Sombrero escamoso
Inicialmente con forma de huevo, el parasol escamoso tiene un sombrero convexo blanco con grandes escamas marrones y láminas apretadas de color blanco a marrón claro. Este hongo se pone rojo a naranja cuando se daña. Su apariencia es similar a la del hongo mortal de la amonita y al parasol falso. Si decide comer este hongo, se recomienda cocinarlo completamente y consumir solo una pequeña cantidad si nunca lo ha probado antes, ya que una de cada 25 personas se enfermará en 24 horas.

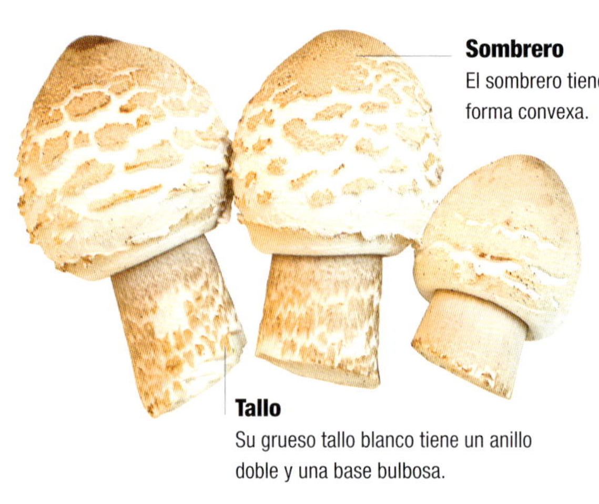

Sombrero
El sombrero tiene forma convexa.

Tallo
Su grueso tallo blanco tiene un anillo doble y una base bulbosa.

La molinera

Encontrada en Europa y América del Norte, la molinera es como una mezcla entre un rebozuelo de verano y una seta de ostra, aunque no pertenece a ninguno de estos géneros. Saprófito, crece cerca de bosques de coníferas, en setos y a lo largo de las carreteras. Similar al mortal embudo del tonto, la molinera es comestible, pero se considera una elección peligrosa a menos que sea usted un recolector muy experimentado.

Tallo
El tallo blanco es grueso y corto, y no siempre está centrado con el sombrero.

Láminas
Las láminas van de color blanco a rosado.

CARACTERÍSTICAS

Nombre común:
molinera, hongo panecillo
Nombre científico:
Clitopilus prunulus

Comestibilidad:
proceder con precaución
Estación:
verano a otoño
Tamaño:
12 cm de diámetro

DERECHA:
Sombrero en forma de pétalo
Con un sombrero convexo blanco puro inicialmente, que se aplana y se invierte, y luego adquiere una cualidad rosada similar a un pétalo hacia la madurez, la molinera tiene láminas de blanco a rosado, muy similares a las de los hongos ostra, que continúan bajando hasta la mitad de su tallo. Cuando el hongo se corta, es de color blanco a gris. Se dice que este hongo recibe su nombre por el olor a masa cruda y su sabor harinoso cuando se cocina.

Seta de tinta

Cuando es joven, la seta de tinta es un hongo pequeño de un blanco brillante que resulta visualmente atractivo y tiene un aspecto casi similar al de una paloma. Su nombre cobra más sentido cuando alcanza su madurez, ya que el hongo se convierte en un líquido negro como tinta y se deshace. Crece en grava y céspedes a lo largo de Europa, Asia, América del Norte, Australasia e Islandia, y se cultiva en China.

TODAS LAS FOTOGRAFÍAS::
Láminas que se derriten
El sombrero rodea las láminas cremosas, que cambian a rosa y luego se derriten en un líquido negro. El sombrero se abre en forma de campana a medida que el hongo envejece y luego se vacía hasta la parte superior del sombrero.

Si está recolectando para comer, asegúrese de que los hongos sean completamente blancos. Una vez recogidos, tienen una vida útil extremadamente corta.

CARACTERÍSTICAS

Nombre común:
seta de tinta
Nombre científico:
Coprinus comatus

Comestibilidad:
cocinar antes de comer
Estación:
verano a otoño, aunque se cultiva durante todo el año
Tamaño:
5 cm de diámetro

Parece una paloma
Cuando es joven, tiene una apariencia blanca y esponjosa.

Sombrero
El sombrero tiene una pequeña mancha marrón en su punta.

Tallo
Tiene un tallo blanco y grueso, con una falda frágil.

Cordyceps

Existen cientos de especies de hongos del género cordyceps, y el *Cordyceps militaris*, conocido como seta zombi, es probablemente uno de los más conocidos. Este hongo ha sido utilizado en la medicina tradicional china durante años y actualmente también se emplea en la medicina moderna. Crece en todo el hemisferio norte, en zonas de praderas y en los bordes de los bosques, y es un hongo parásito que se desarrolla bajo tierra dentro de las pupas de polillas (entre la forma larval y adulta), para luego ascender a la superficie como un hongo largo y brillante, con forma de llama.

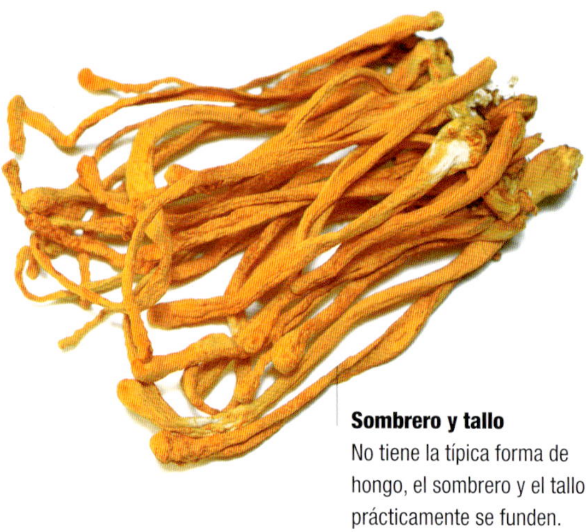

Sombrero y tallo
No tiene la típica forma de hongo, el sombrero y el tallo prácticamente se funden.

CARACTERÍSTICAS

Nombre común:
seta zombi

Nombre científico:
Cordyceps militaris

Comestibilidad:
utilizado en medicina tradicional

Estación:
de verano a otoño

Tamaño:
hasta 4 cm de largo

Brotes naranjas
Este club de orugas escarlatas es de color naranja brillante desde su largo sombrero delgado hasta su tallo de naranja más claro. Tiene pequeños poros elevados de color naranja brillante en el sombrero en lugar de láminas.

En su mayoría se vende seco, este hongo no se consume fresco ni con fines culinarios. Durante la dinastía Tang, se creía que este hongo podía transformarse de insecto a planta durante el verano y luego regresar a su forma de insecto en invierno.

Trompeta de los muertos

Estos hongos de invierno tienen un aspecto muy dramático en el suelo del bosque, erigiéndose entre las hojas caídas como si las hojas en descomposición cobraran vida. Son de forma de trompeta y de un color negro profundo. El folclore sugiere que estos hongos son trompetas que brotan de personas muertas bajo la superficie, de ahí su nombre de trompeta de los muertos. Contrariamente a esto, la trompeta es completamente comestible y es un firme favorito en la cocina europea.

Superficie
La trompeta tiene una textura aterciopelada negra.

Arrugas
La superficie del hongo está cubierta de arrugas.

TODAS LAS FOTOGRAFÍAS:
Crecimiento tubular

Altos y completamente huecos, los trompetas crecen como tubos, pero se curvan en los extremos, formando una parte superior similar a un sombrero. Su superficie aterciopelada de color marrón oscuro a negro está cubierta de arrugas y los tallos pueden tener una capa blanca, lo que les da un aspecto gris.

Los trompetas son robustos cuando se cocinan y tienen un sabor fuerte y forestal. A menudo se incluyen en paquetes de setas silvestres secas y añaden un sabor umami a un caldo.

CARACTERÍSTICAS

Nombre común:
trompeta de los muertos, cuerno de la abundancia

Nombre científico:
Craterellus cornucopioides

Comestibilidad:
cocinar antes de comer

Estación:
otoño a invierno

Tamaño:
6-10 cm de altura

Chanterelle

Originaria de Europa, la chanterelle es un hongo largo y delgado de colores vivos que crece en los bosques mixtos sobre el suelo forestal, entre madera en descomposición, hojas y musgo. También conocidas como chanterelles de invierno, son muy apreciadas en la cocina europea y a menudo se utilizan junto con una mezcla de hongos silvestres, como el porcini, el erizo y los trompetas, que crecen alrededor de la misma época del año. Las chanterelles tienen un sabor terroso propio del otoño.

Amarillo y gris

Las chanterelles se presentan en dos colores diferentes, amarillo y gris, siendo la diferencia de color más evidente en los tallos. Los tallos son brillantes y delicados, y pueden alcanzar hasta 12 cm de altura. El sombrero, de color marrón a amarillo, tiene un diámetro de alrededor de 4 cm y presenta una hendidura en el centro, que puede llegar a formar un agujero que continúa por el interior del tallo. En la parte inferior del sombrero se encuentran venas o arrugas en lugar de laminillas.

CARACTERÍSTICAS

Nombre común:
chanterelle gris, chanterelle amarilla, rebozuelo atrompetado, chanterelle de invierno

Nombre científico:
Craterellus tubaeformis

Comestibilidad:
cocinar completamente antes de comer

Estación:
de otoño a invierno

Tamaño:
3-4 cm

Sombrero
El sombrero tiene una hendidura en el centro.

Arrugas
En la parte inferior del sombrero se encuentran venas o arrugas en lugar de laminillas.

Higróforo de los prados

Común en el Reino Unido, el higróforo de los prados crece en grupos y de forma aislada en praderas, pastizales y terrenos de hierba. Es algo más robusto que otras setas que crecen en céspedes, dado que puede tolerar pequeñas cantidades de fertilizante. Estas setas de textura ondulada, húmeda y carnosa son micorrícicas y tienen una relación mutuamente beneficiosa con el musgo. Se pueden encontrar en Europa, Asia, el norte de África, América del Norte, América del Sur, Australia y Nueva Zelanda.

CARACTERÍSTICAS

Nombre común:
higróforo de los prados, copa de cera salmón, copa de mantequilla de pradera

Nombre científico:
Cuphophyllus pratensis

Comestibilidad:
cocer antes de comer

Estación:
de otoño a invierno

Tamaño:
5-10 cm

ABAJO:

Capa anaranjada
Esta seta tiene una capa convexa de color anaranjado, color paja, a veces rosa salmón. El tallo es blanco, a veces rosado, y se torna más anaranjado a medida que la seta madura, lo mismo que las láminas.

Existe una versión completamente blanca de esta seta, conocida como higróforo de los prados blanco, que es muy rara. Es exactamente igual al higróforo de los prados, excepto en el color.

Capa
Esta seta tiene una capa convexa de color anaranjado.

Tallo
El tallo se vuelve hueco a medida que la seta envejece.

Forma de trompeta
Muta hacia una forma de trompeta a medida que la seta madura.

Hígado de roble

Se encuentra en Europa, Australia, América del Norte y África. Este hongo comestible, único en su tipo, se parece a un trozo de carne cruda de res creciendo sobre los árboles, generalmente robles, en los bosques. También parece sangrar, con látex rojizo que suele gotear del hongo mientras crece.

Sombrero
La parte superior es de color rojo parduzco con venas blancas, y cuando se magulla o corta, produce un látex rojo, similar al del hongo lactaire.

Parte inferior
Tiene una parte inferior de color rosa a crema, con poros diminutos que se magullan de color rojo o marrón.

IZQUIERDA:

Crecimiento escalonado
El hígado de roble tiene una forma similar a la del hongo silla de hadas, emergiendo de la corteza del árbol en forma escalonada. Los árboles que tienen este hongo creciendo en ellos desarrollan una podredumbre marrón que puede producir una madera más resistente para trabajos de carpintería. Algunas personas encuentran este hongo desagradable debido a su sabor ácido y su textura dura, pero otras lo alaban cuando se cocina en salsas cremosas o en platos que necesitan un toque cítrico. Es una buena alternativa a la carne.

CARACTERÍSTICAS

Nombre común:
hígado de roble, lengua de buey, hongo lengua

Nombre científico:
Fistulina hepatica

Comestibilidad:
cocinar antes de consumir

Estación:
de verano a otoño

Tamaño:
25 cm de ancho

Sombrero
El enoki tiene un sombrero
suave y aterciopelado
en forma de sombrilla.

Tallos
Sus tallos pueden crecer
hasta 20 cm de altura.

Raíz
El enoki es un hongo largo
y delgado que se encuentra
en racimos adheridos a una raíz.

Enoki

El hongo enoki crece en grupos compactos sobre madera en descomposición, particularmente en los olmos, en bosques. Se encuentra principalmente en Asia oriental y América del Norte, y es ampliamente cultivado. El enoki puede recogerse durante los meses más fríos del año. Si lo buscas en la naturaleza, ten cuidado con su doble mortal, *Galerina autumnalis*. El enoki y la galerina son similares en color, pero esta última suele ser más grande y tiene un anillo alrededor del tallo.

AMBAS FOTOGRAFÍAS:

Tallos largos

Los sombreros son de color marrón dorado y los tallos son de un amarillo dorado claro. El enoki blanco se cultiva en la oscuridad, por lo que el hongo no tiene pigmento de color. Se cultiva en tarros largos, lo que da como resultado tallos de enoki blanco de 30 cm de largo. El enoki puede sobrevivir desde el otoño hasta la primavera, incluso creciendo a través de las heladas. Tiene un olor y sabor afrutado y, aunque parece delicado, es resistente cuando se cocina.

CARACTERÍSTICAS

Nombre común:

enoki dorado, enoki blanco, enokitake, tallo aterciopelado

Nombre científico:

Flammulina filiformis

Comestibilidad:

con precaución

Estación:

de otoño a primavera

Tamaño:

0,5-2 cm

Seta aterciopelada

Un hongo inusualmente resistente, la seta aterciopelada crece sobre tocones y corteza de árboles caducifolios, a veces en grandes capas, a través de las heladas y el invierno. Es de color naranja brillante y se encuentra en Europa, Asia, América del Norte y África. Este hongo está estrechamente relacionado con otro flammulina, el enoki, que se cultiva ampliamente en todo el mundo.

Sombrero
Los sombreros son aterciopelados, lucen viscosos después de la lluvia, con láminas más claras y espaciadas en la parte inferior.

Crecimiento agrupado
Normalmente crece agrupado, con sombreros de color miel, convexos pero irregulares en forma.

CARACTERÍSTICAS

Nombre común:
seta aterciopelada

Nombre científico:
Flammulina velutipes

Comestibilidad:
cocinar completamente antes de comer

Estación:
de invierno a primavera

Tamaño:
hasta 10 cm de diámetro

DERECHA:
Tallos lanosos
Los tallos están cubiertos por una lana aterciopelada y cambian de color de amarillo a negro de arriba a abajo, volviéndose completamente negros con la madurez. La seta aterciopelada es muy similar al peligroso hongo galerina mortal, pero crucialmente, la galerina mortal tiene un anillo alrededor del tallo y no tiene el distintivo tallo negro aterciopelado de la seta aterciopelada. El sombrero debe pelarse antes de cocinar y estos hongos siempre deben cocerse completamente.

Maitake

El maitake puede crecer hasta el tamaño de una lechuga y suele encontrarse en la base de los robles, creciendo dentro de las grietas de las raíces de los árboles. Este hongo crece de forma silvestre en Asia, Estados Unidos y Europa, y sus pétalos se parecen a las plumas de una gallina. El nombre japonés de este hongo, maitake, significa 'hongo danzante', ya que tradicionalmente las personas bailaban de alegría cuando los encontraban.

Racimos
Cada racimo puede medir hasta 70 cm de ancho.

Pecíolos
Tiene pecíolos finos que conectan todos los sombreretes con un núcleo denso.

IZQUIERDA:

Sombreretes plumosos
Este hongo tiene sombreretes grises a marrones, semejantes a plumas, y pequeños poros blancos en lugar de láminas en el lado inferior de los sombreretes. Tiene un aroma agradable cuando está listo para ser recolectado, que se vuelve desagradable a medida que envejece. Su versión cultivada es mucho más pequeña y ordenada en su apariencia. Considerada una seta medicinal, el maitake es parásito, lo que significa que su actividad perjudica a su anfitrión, el roble.

CARACTERÍSTICAS

Nombre común:
maitake, rey de los hongos
Nombre científico:
Grifola frondosa

Comestibilidad:
cocinar bien antes de comer
Estación:
de otoño a invierno, pero cultivada todo el año
Tamaño:
hasta 70 cm en un racimo

Boletus castaño

Encontrado alrededor de árboles de madera dura en bosques, parques y céspedes, el boletus castaño es muy similar en apariencia y sabor al buscado porcini. Miembro de la familia de los boletos, el boletus castaño es más pequeño que el porcini y, a diferencia de este, tiene una carne quebradiza. Crece abundantemente en grupos en América del Norte, América Central, América del Sur, Europa, Asia y Nueva Zelanda.

Poros

Los poros son de color blanco a amarillo pálido.

Pecíolo

Tiene un pecíolo hueco de color blanco sucio a marrón amarillento, con carne blanca en su interior.

IZQUIERDA:

Sombrero arenoso

Este hongo tiene un sombrero de color naranja y arenoso, que empieza siendo convexo y se vuelve plano, convirtiéndose en blanco con moho cuando es más viejo. Al igual que otros boletos, este hongo tiene poros en lugar de láminas y se pone gris cuando se daña. Este hongo tiene una impresión de esporas de color amarillo pálido. Dado que un pequeño número de personas ha experimentado problemas gástricos después de consumir este hongo, se recomienda cocinarlo bien antes de comerlo.

CARACTERÍSTICAS

Nombre común:
boletus castaño

Nombre científico:
Gyroporus castaneus

Comestibilidad:
consumir con precaución; cocinar bien antes de comer

Estación:
de verano a otoño

Tamaño:
10 cm de diámetro

Hongo diente de león

El raro hongo diente de león es un tipo visualmente espectacular que parece más una especie alienígena que un hongo, con pequeños picos que crecen de los sombreros en forma de soporte. Se encuentra en árboles de madera dura muertos o moribundos, principalmente en bosques caducifolios, es saprótrico y suele crecer en lo alto del árbol, con los picos colgando hacia abajo. Se encuentra en el sur de Europa, especialmente en Inglaterra.

Crecimiento
El hongo no tiene un tallo como tal y crece en grupos escalonados.

Parte inferior
Debajo tiene muchos picos de 1,5 a 2 cm de largo, a veces descritos como carámbanos.

DERECHA:

Hongo raro
De color crema, cambiando a rojo y amarillo cuando se corta, el sombrero o la parte superior de este hongo es rugoso y a veces escamoso, con algunos picos creciendo de él. En el Reino Unido, este hongo es una especie protegida y está en la lista de hongos raros, por lo que es ilegal recogerlo. Este hongo está estrechamente relacionado y se parece mucho al hongo melena de león.

CARACTERÍSTICAS

Nombre común:
hongo diente de león, cara espinosa

Nombre científico:
Hericium cirrhatum

Comestibilidad:
en peligro de extinción, no recoger

Estación:
verano a invierno

Tamaño:
hasta 10 cm de diámetro

Hongo melena de león

Originario de los Estados Unidos y Canadá, este hongo esponjoso con aspecto alienígena crece desde los troncos de árboles de madera dura y parece la melena de un león. Llena de proteínas, puede crecer hasta 40 cm de altura y tiene espinas finas en lugar de sombreros. Debido a la rareza del hongo en algunos países, la melena de león es considerada una especie en peligro de extinción y no debe ser recogida.

Espinas

Las espinas peludas crecen largas y finas.

Centro

Las espinas están unidas por un centro suave y fibroso.

Pompón

Como una gran melena peluda, este hongo de color blanco a crema cuelga desde un punto en la corteza del árbol donde ha hecho su hogar. La melena de león se cultiva ampliamente. Su forma cultivada se llama pompón y tiene una textura similar a la carne de langosta. La melena de león se considera un hongo funcional y se cree que mejora el sistema nervioso y combate la ansiedad, entre otras cosas.

CARACTERÍSTICAS

Nombre común:
melena de león, pompón, diente barbudo

Nombre científico:
Hericium erinaceus

Comestibilidad:
en peligro de extinción, no recoger

Estación:
cultivado durante todo el año

Tamaño:
hasta 40 cm

Lengua de vaca

Conocida por sus diminutas espinas porosas o «dientes» en lugar
de láminas, la lengua de vaca es un hongo grande, liso y aplanado
que crece en zonas de hierba formando círculos. Originario de Europa,
es un hongo común, ya que al liberar sus pequeñas espinas dispersa
más esporas para perpetuar la especie. Con un sabor ligeramente
picante, es ideal para guisos y sopas. La lengua de vaca tiene
una textura firme y seca, siendo una buena alternativa a la carne.

Espinas carnosas
La parte inferior está formada
por tejido en forma de espinas.

Sombrero
El borde del sombrero
suele estar curvado.

DERECHA:
Sombrero ondulado
Los hongos lengua
de vaca varían en tamaño
y presentan un color
amarillo claro arenoso.
Los sombreros son lisos
y ondulados, a veces
se curvan en los bordes,
pero suelen aplanarse.

La parte inferior cuenta
con espinas carnosas
del mismo color que
el sombrero y un pie
grueso y liso que emerge
aproximadamente
del centro del hongo.

CARACTERÍSTICAS

Nombre común:
lengua de vaca, pie de cabrito,
pie de gamuza, diente dulce.

Nombre científico:
Hydnum repandum

Comestibilidad:
cocinar bien antes
de consumir.

Estación:
otoño e invierno.

Tamaño:
4-18 cm de sombrero

Hongo ladrillo

El hongo ladrillo tiene un distintivo color rojo ladrillo, de ahí sus diversos nombres asociados al ladrillo. Crece en el hemisferio norte, así como en Australia. Este hongo sapróbico aparece sobre madera en descomposición, formando grupos pequeños o grandes. Algunas personas lo consideran incomestible, ya que puede causar molestias estomacales; otras afirman que, si se consume joven, es comestible y tiene un sabor a nuez cuando se cocina.

Sombrero
El borde del sombrero es más pálido alrededor de la parte exterior.

Pie
El pie adquiere un tono marrón rojizo hacia la base, con manchas amarillas.

TODAS LAS FOTOGRAFÍAS:
Sombreros rojo ladrillo
Con grandes sombreros de color ladrillo anaranjado rojizo y pies más pálidos de amarillo a naranja, este hongo presenta un velo parcial lanoso, similar a un hilo, que conecta los bordes del sombrero con el pie y cubre sus láminas cuando es inmaduro. El pie es similar al del shiitake: grueso y aterciopelado. Las láminas están apretadas y pasan de crema a púrpura, marrón o gris con el tiempo. Este hongo se parece al venenoso galerina mortal.

CARACTERÍSTICAS

Nombre común:
hongo ladrillo

Nombre científico:
Hypholoma lateritium

Comestibilidad:
consumir con precaución

Estación:
verano a otoño

Tamaño:
hasta 10 cm de diámetro

Hongo langosta

El hongo langosta es un raro hongo parásito que invade otro hongo huésped y lo recubre con una película de color naranja rosado, transformándolo en un hongo langosta. Prefiere parasitar hongos de los géneros russula y lactarius, y crece principalmente en formas irregulares sobre el suelo del bosque. Se encuentra ampliamente en América del Norte y se considera una delicadeza, ya que su textura y su apariencia, al cocinarlo, son muy similares a las de la carne de langosta.

Tamaño y forma
Debido a su particular proceso de crecimiento, el hongo langosta presenta diferentes tamaños y formas. Algunos adoptan una forma similar a una trompeta, otros recuerdan a un hongo erizo y algunos crecen como un gran pétalo, parecido al sombrero del hongo yesquero (*Polyporus squamosus*).

Se dice que este hongo tiene un sabor parecido al marisco. Puede cocinarse de la misma manera que otros hongos comestibles.

CARACTERÍSTICAS

Nombre común:
hongo langosta

Nombre científico:
Hypomyces lactifluorum

Comestibilidad:
cocinar antes de consumir

Estación:
verano a otoño

Tamaño:
aproximadamente 10-25 cm, aunque varía ampliamente

Carne
Tiene una piel de color naranja a rosado y una carne gruesa, firme y de color blanco puro en su interior.

Shimeji

Originario de Asia oriental, el hongo shimeji marrón está asociado con el haya y crece sobre su corteza en descomposición, produciendo sombreros de color marrón, a veces de tamaño irregular. Se encuentra en Asia, Estados Unidos y Europa en grupos y racimos sobre maderas duras, como los árboles de haya, roble o arce, y lo más común es hallarlo en la base del árbol. La forma cultivada del hongo haya se produce en todo el mundo en dos variedades, una marrón y una blanca, y estos hongos suelen ser más uniformes, con sombreros pequeños y tallos largos.

CARACTERÍSTICAS

Nombre común:
shimeji, hongo haya
Nombre científico:
Hypsizygus tessulatus

Comestibilidad:
cocinar antes de consumir
Estación:
de otoño a invierno, aunque cultivado durante todo el año
Tamaño:
2-4 cm

Sombrero
Con pequeños sombreros marrones y tallos largos de color blanco y de grosor medio, estos pequeños hongos se alzan en el bosque, pareciendo el hongo arquetípico que esperaría usted encontrar. El sombrero tiene pequeñas manchas de un marrón más oscuro en su superficie, lo que lo asemeja al maitake y, en algunos casos, al shiitake. No tiene anillo ni falda alrededor del tallo, y los tallos tienen un aspecto ligeramente esponjoso.

Boleto bayo

El boleto bayo suele compararse con su famoso primo, el apreciado porcini, con el que comparte muchas características. Se encuentra en Europa, América del Norte y Asia, y crece alrededor de pinos, castaños, hayas y robles, a menudo en grandes cantidades. Es un hongo micorrícico, con un sombrero marrón que puede volverse pegajoso al mojarse, y algunos dicen que huele afrutado. Este hongo recibe su nombre del caballo con manto bayo o castaño, cuyo color se asemeja al de su sombrero.

TODAS LAS FOTOGRAFÍAS:

Sombrero

De color marrón, similar a una castaña, comienza siendo convexo y termina más aplanado al madurar. Aunque este hongo es micorrícico, se cree que puede tener tendencias saprobias, pudiendo descomponer materia orgánica si es necesario para su supervivencia.

Este hongo debe cocinarse bien antes de consumirse, puesto que puede causar reacciones alérgicas en algunas personas.

CARACTERÍSTICAS

Nombre común:
boleto bayo, boleto falso
Nombre científico:
Imleria badia

Comestibilidad:
cocinar bien antes de consumir
Estación:
de verano a otoño
Tamaño:
sombrero de hasta 15 cm

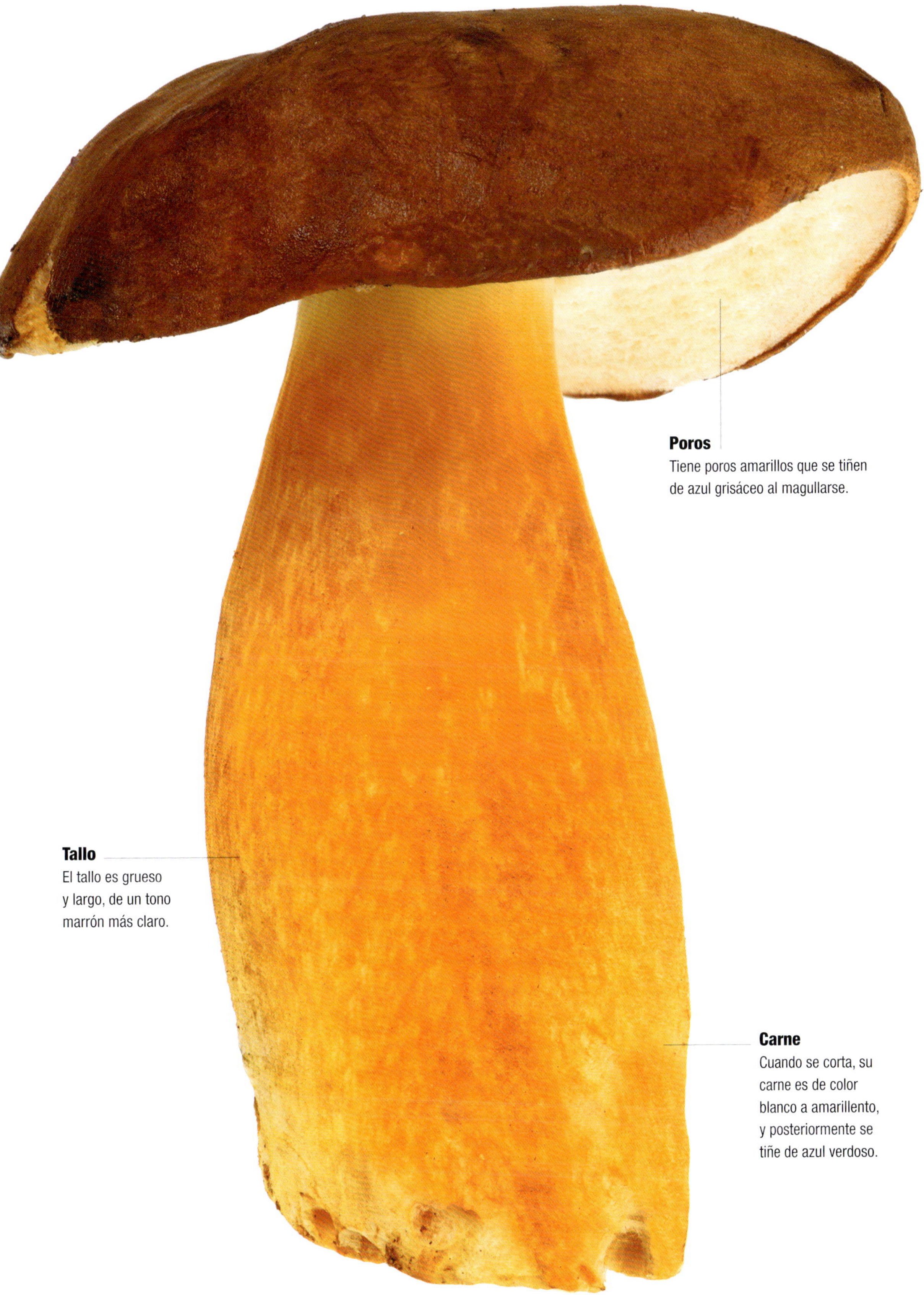

Poros
Tiene poros amarillos que se tiñen
de azul grisáceo al magullarse.

Tallo
El tallo es grueso
y largo, de un tono
marrón más claro.

Carne
Cuando se corta, su
carne es de color
blanco a amarillento,
y posteriormente se
tiñe de azul verdoso.

Hongo de madera vaina

Hongo saprótrofo, el hongo de madera vaina crece en racimos sobre madera en descomposición y tocones de árboles en Europa y Asia. Aunque es comestible, este hongo presenta un riesgo, ya que se parece mucho a la galerina mortal. Hay diferencias clave cuando se comparan ejemplos típicos, como el tallo bicolor característico del hongo de madera vaina y la escamosidad en la parte inferior del tallo.

Sombrero
El sombrero tiene un disco más claro en el centro.

Carne
Su carne es de un amarillo pálido, oscureciéndose a marrón hacia el extremo del tallo.

Tallo
El tallo es claro en la parte superior, oscureciéndose y volviéndose escamoso por debajo de su anillo corto.

IZQUIERDA:

Sombreros de color canela
De color canela cuando están secos y viscosos y de un naranja intenso cuando están mojados, los sombreros del hongo de madera vaina son convexos, con un disco central más claro. Sus láminas son inicialmente de un marrón claro y se oscurecen con la madurez, extendiéndose por el largo tallo.

En su estado inmaduro, este hongo tiene un velo parcial que desaparece rápidamente. Se desaconseja comer el tallo, ya que puede resultar demasiado duro. Muchos recolectores prefieren no recogerlos para evitar confundirlos con la galerina mortal.

CARACTERÍSTICAS

Nombre común:
hongo de madera vaina, hongo guisado marrón, fola bicolor

Nombre científico:
Kuehneromyces mutabilis

Comestibilidad:
consumir con precaución

Estación:
primavera a invierno

Tamaño:
8 cm de diámetro

El embaucador

Se encuentra entre hojas muertas en los suelos boscosos de Europa y América del Norte.
Este hongo micorrícico recibe su nombre
por sus múltiples colores y tamaños, lo que
dificulta su identificación. Su color cambia
según la edad, el clima y el entorno donde
crece, y a veces presenta un brillo ceroso,
similar al barniz.

CARACTERÍSTICAS

Nombre común:
el embaucador, lacaria
apagada, lacaria cerosa
Nombre científico:
Laccaria laccata

Comestibilidad:
consumir con precaución
Estación:
verano a otoño
Tamaño:
7 cm de diámetro

De muchos colores
Un hongo pequeño a mediano,
con sombrero convexo que
puede aplanarse y un tallo
delgado. Este hongo puede ser
marrón, rojo, naranja, rosa o
blanco. El tallo largo tiene el
mismo color que el sombrero
y a menudo es hueco, mientras
que la carne dentro del hongo
es de un marrón rojizo.

Debido a su amplia
variedad de apariencias, puede
confundirse con otros hongos
que podrían ser peligrosos.

No es conocido por su
sabor, y generalmente solo se
consumen los sombreros, dado
que los tallos son demasiado
duros.

Maduro
Cuando madura,
este hongo
puede adquirir
una forma
de embudo.

Láminas
Posee láminas
cercanas y de longitudes
irregulares, del mismo
color que el sombrero.

Lactario del roble

Generalmente crece bajo robles en Europa y América del Norte. Este hongo micorrícico es similar al lactario delicioso, con el que está estrechamente relacionado, aunque suele considerarse de menor calidad. Es de color más apagado que el lactario delicioso, pero también produce una sustancia lechosa similar al látex. Algunas personas describen su olor como aceitoso, parecido al de las chinches, lo que divide opiniones.

Sombrero
Presenta un sombrero de color naranja apagado a marrón amarillento, redondeado y con una depresión en el centro que se aplana a medida que madura.

Tallo
Tiene un tallo grueso de color naranja, que suele estar hueco.

Gradaciones de color
El sombrero muestra gradaciones concéntricas de color en la parte superior y láminas de color marrón rojizo en la parte inferior, que producen el líquido lechoso blanco. El característico exudado lácteo de los hongos lactarius actúa como mecanismo de defensa, cubriendo las magulladuras del hongo con una película protectora que evita la entrada de bacterias.

Su sabor ha sido descrito como similar al de la zanahoria con un toque de jengibre, aunque también como amargo y con un olor intenso.

CARACTERÍSTICAS

Nombre común:
lactario del roble, lactario de los robles, lactario meridional

Nombre científico:
Lactarius quietus

Comestibilidad:
cocinar antes de consumir

Estación:
verano a otoño

Tamaño:
8 cm de sombrero

Lactario delicioso

Un hongo inusual y colorido, el lactario es un hongo firme de color naranja brillante que sangra o lacta una sustancia lechosa, pero naranja, que luego se torna verde. Crece principalmente en la base de los pinos en los bosques. Los hongos lactarios tienen una relación micorrícica o simbiótica con los árboles, a través de la cual el hongo proporciona agua y minerales al árbol, y el árbol devuelve el favor con azúcares.

Naranja cobre
Variando en tamaño de sombrero, estos hongos de naranja brillante a naranja cobre tienen un sombrero convexo con una depresión en el medio que tiene círculos concéntricos alrededor. Si se están recolectando lactarios, hay que tener cuidado con el venenoso lactario lanudo, que es de color rosa salmón y produce una sustancia blanca similar a la leche.

CARACTERÍSTICAS

Nombre común:
lactario delicioso, lactario azafrán

Nombre científico:
Lactarius deliciosus

Comestibilidad:
cocinar antes de comer

Estación:
otoño

Tamaño:
5-20 cm de sombrero

Sombrero
El sombrero puede
volverse hacia arriba
y adoptar una forma
de trompeta.

Láminas
Sus láminas
son finas y están
dispuestas muy
juntas, y el tallo
es robusto.

Piel
Su piel puede ser
moteada y se decolora
fácilmente, posiblemente
debido a la sustancia
lechosa verde.

Pollo del bosque

Este hongo saprófito, presente en Europa y América del Norte, crece sobre la corteza de los árboles y tiene un aspecto similar a plumas de pollo. Su textura es muy parecida a la carne de pollo y puede usarse como sustituto en recetas.

Crece principalmente en robles y castaños. El pollo del bosque es un hongo poliporo, también llamado hongo de repisa o de estante. Son fundamentales para los ecosistemas forestales, por lo que, si los recolecta, deje siempre algunos ejemplares.

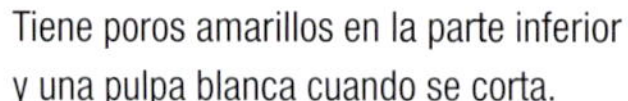

Poros

Tiene poros amarillos en la parte inferior y una pulpa blanca cuando se corta.

CARACTERÍSTICAS

Nombre común:
pollo del bosque,
hongo del azufre

Nombre científico:
Laetiporus sulphureus

Comestibilidad:
consumir con precaución
(cocinar bien antes de comer)

Estación:
verano a otoño

Tamaño:
hasta 45 cm de ancho

TODAS LAS FOTOGRAFÍAS:

Racimos en espiral
El pollo del bosque crece en racimos en espiral y en etapas sobre la corteza de los árboles. Su forma es irregular y su color varía del amarillo claro al naranja brillante, a veces dentro del mismo ejemplar.

Se recomienda recolectarlos cuando son jóvenes y tiernos, ya que algunas personas pueden experimentar alucinaciones y problemas gástricos al consumirlos. Siempre deben cocinarse bien antes de comer.

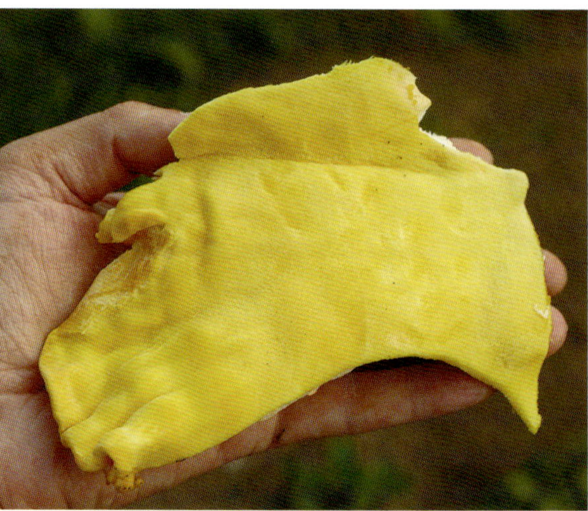

Boleto anaranjado del roble

Este hongo micorrícico destaca en el suelo del bosque por su forma arquetípica y su brillante sombrero anaranjado. Crece alrededor de los robles y es poco común, por lo que solo debe recolectarse si abunda en la zona.

Debe cocinarse bien antes de consumirlo. Su color se oscurece considerablemente al hervir. Tiene un sabor intenso y mantiene una textura firme tras la cocción, aunque los tallos pueden resultar demasiado duros para comer.

CARACTERÍSTICAS

Nombre común:
boleto anaranjado del roble, boleto del roble, boleto de sombrero rojo

Nombre científico:
Leccinum aurantiacum

Comestibilidad:
cocinar antes de consumir

Estación:
verano a otoño

Tamaño:
hasta 20 cm de alto

TODAS LAS FOTOGRAFÍAS:

Sombrero poco profundo
Con un diámetro de hasta 10 cm, el sombrero convexo es relativamente bajo. Su color es un naranja intenso, similar al del pelaje del zorro, y sus bordes sobresalen cubriendo parcialmente los poros.

Los tallos son gruesos y altos, aunque presentan una forma bulbosa cuando son inmaduros. Tienen un aspecto fibroso con agrupaciones de pequeñas manchas marrones rojizas.

La carne es blanca al corte, pero pronto adquiere tonalidades rosadas y verdosas en la base, para terminar volviéndose gris negruzca.

Boleto anaranjado del abedul

Este hongo es relativamente común y se encuentra en todo el hemisferio norte. Crece principalmente al pie de los abedules y se dice que su sabor es similar al del apreciado *Boletus edulis* o Porcini.

Hasta el siglo XX, se clasificaba dentro del género boletus, al que también pertenece el boleto edulis. Más tarde, se trasladó al género leccinum, que forma parte de la familia boletaceae.

Tallo

Tiene un largo y grueso tallo blanco que está cubierto de pequeñas escamas de color marrón oscuro a negro que le dan una apariencia acanalada y sucia.

TODAS LAS FOTOGRAFÍAS:

Sombrero rojo

El color del sombrero del boleto anaranjado del abedul varía entre el naranja y el rojo parduzco. Bajo él presenta poros o tubos de color crema, aunque el borde superior los cubre ligeramente. A medida que el ejemplar envejece, los poros pueden volverse grisáceos.

Al corte, el interior del tallo puede adquirir tonalidades verdes o azuladas. Se recomienda cocinarlo bien antes de consumirlo.

CARACTERÍSTICAS

Nombre común:
boleto anaranjado del abedul

Nombre científico:
Leccinum versipelle

Comestibilidad:
cocinar bien antes de consumir

Estación:
verano a otoño

Tamaño:
entre 8 y 20 cm

Shiitake

Originario del este de Asia, el shiitake es uno de los hongos más utilizados en la cocina en todo el mundo. Conocido durante siglos por sus propiedades medicinales, crece en bosques y regiones montañosas, sobre madera en descomposición y troncos caídos. Se considera uno de los primeros hongos cultivados, y se cree que en Japón ya se cultivaba antes del año 1000.

Sombreros
Los sombreros varían de marrón oscuro a marrón claro.

Tallo
El tallo del shiitake es escamoso y más duro que el de la mayoría de los hongos.

Secado
El shiitake suele venderse seco y entero, además de fresco.

CARACTERÍSTICAS

Nombre común:
shiitake, donko, shanku, hongo del bosque negro
Nombre científico:
Lentinula edodes

Comestibilidad:
cocinar bien antes de comer
Estación:
invierno, aunque se cultiva todo el año
Tamaño:
7-10 cm

DERECHA:
Hongo en racimos
El shiitake crece en racimos o en grupos de uno o dos ejemplares y tiene tallos largos, generalmente duros, escamosos y de color blanco o crema. A medida que madura, la piel del sombrero se agrieta y se separa en varios parches, creando un efecto moteado. Los shiitakes más jóvenes suelen venderse frescos y tienen una textura más tierna, mientras que los ejemplares más viejos, semisecos, son más firmes y tienen un sabor más intenso. Se recomienda cocinarlos bien antes de consumirlos.

Las setas como medicina

En Asia, los hongos se han utilizado con fines medicinales durante miles de años. Se cree que formaban parte de la medicina tradicional china desde la dinastía Han, entre el 202 a. C. y el 220 d. C., aunque la mayoría de las demás culturas del mundo no empezaron a adoptarlos hasta el último siglo.

Las infusiones, cafés, polvos y comprimidos de hongos están empezando a popularizarse en todo el mundo y ahora se conocen como «hongos funcionales». El melena de león, el shiitake, el reishi y el cordyceps encabezan este sector, y las investigaciones sugieren que favorecen el crecimiento de nuevas células cerebrales, ayudan a la relajación, destruyen células tumorales, mejoran la depresión y la ansiedad, benefician la salud intestinal y el sistema inmunitario y reducen el riesgo de enfermedades cardíacas, entre otros efectos positivos.

En el siglo XX, el uso de los hongos se volvió más científico y la investigación condujo a la creación de fármacos a base de hongos para tratar numerosas afecciones, especialmente el cáncer. Algunos hongos medicinales son también hongos comestibles, mientras que otros se utilizan exclusivamente en medicina o por sus propiedades terapéuticas, como el reishi, el chaga y el cordyceps. Normalmente, los hongos medicinales se administran en forma de extracto o polvo como complemento alimenticio, en lugar de consumirse en su estado fresco.

En la China imperial, el hongo reishi era conocido como la «hierba de la potencia espiritual»

Hongos medicinales
Los hongos secos se venden en un mercado de medicina herbal en Hong Kong. La producción anual de fármacos herbales en China tiene un valor de 48 000 millones de dólares estadounidenses, y el 70 % de ellos son hierbas sin procesar.

Bola de polvo gigante
Utilizada en la medicina china, se cree que la bola de humo gigante favorece la hemostasia (coagulación de la sangre) y la regeneración muscular.

Cordyceps
El cordyceps es un hongo que crece en ciertos tipos de orugas en las regiones montañosas de China. Se usa ocasionalmente como medicina y se cree que posee potentes efectos antiinflamatorios y antioxidantes.

LAS DOS FOTOGRAFÍAS
Té chai con chaga
El hongo chaga se añade al chai latte junto con otros ingredientes habituales, como canela, cardamomo, jengibre y nuez moscada, para crear una bebida con un sabor intenso y propiedades inmunológicas especialmente beneficiosas en los meses de invierno.

HERBAL REVOLU
CHAGA CH
TEA
4.5 oz
RESPONSIBLY HANDC
soul   spirit
Lincolnville, Me 04849 207
THEHERBALREVOLUTION C

ARRIBA Y A LA IZQUIERDA:

Café de hongos

Los hongos contienen compuestos llamados polifenoles, así como una variedad de antioxidantes, que se cree que ayudan a reducir la inflamación. El maitake (en la imagen), el melena de león y el reishi se combinan con café tradicional para crear una bebida sabrosa y, supuestamente, saludable.

DERECHA:

Suplementos de hongos

Las cápsulas de suplemento de shiitake (*Lentinula edodes*) contienen una forma concentrada del hongo, que se cree que tiene beneficios para la salud.

por sus propiedades curativas y se reservaba para las clases dominantes. Desde el siglo XII, los hongos chaga se han utilizado como medicina en Siberia, Escandinavia y América del Norte. Creyendo que los hongos chaga podían ayudar a aquellos con enfermedades internas, los antiguos siberianos y escandinavos usaban estos hongos en tés, gotas y cataplasmas para tratar dolores de cabeza y estomacales.

También se ha utilizado el hongo para ayudar a sanar heridas. El médico griego Hipócrates (aproximadamente en el 450 a. C.) clasificó el hongo de pezuña (*Fomes fomentarius*) como un antiinflamatorio que puede cauterizar heridas. En la medicina tradicional maorí, el hongo australiano conocido comúnmente como «curry punk» (*Piptoporus australiensis*) también se utilizaba para cauterizar heridas. De manera similar, la tribu nativa americana Lakota usaba el polvo de esporas seco de la bola de polvo gigante para tratar hemorragias, promover la coagulación de la sangre y sanar heridas. En cambio, en la medicina oriental, la bola de polvo gigante se usa para tratar la garganta inflamada y dolorida.

Los hongos funcionales todavía tienen un largo camino por recorrer para convertirse en algo común, y estamos solo al principio de su historia. Es importante consultar a un médico antes de tomar cualquier producto de hongos medicinales, especialmente si ya está tomando medicación prescrita.

Blewit de madera

Este hongo sapróbico de color lila crece entre hojas en descomposición a finales del otoño, sobre todo en países europeos. También conocido como pie azul, su color varía desde un azul claro hasta un lila más rojizo, y tiende a ser más azul cuando se cultiva. Asegúrese de no confundirlo con el peligroso cúpula mortal, que es similar, pero de color más rojo y con un sombrero más débil. No debe consumirse crudo y ha de cocinarse bien antes de su ingesta.

CARACTERÍSTICAS

Nombre común:
blewit de madera, pie azul
Nombre científico:
Lepista nuda

Comestibilidad:
cocinar bien
Estación:
invierno, pero cultivado todo el año
Tamaño:
5-6 cm

Cúpula morada
Los blewits de madera tienen sombreros de color morado oscuro a azul, con un pequeño hundimiento marrón en el centro. Las láminas son lilas y el tallo es blanco tiza, cubierto con un fino moho blanquecino en forma de telaraña que sigue creciendo, incluso en la nevera, después de que se haya cortado el hongo. Los blewits de madera tienen un olor floral y cítrico cuando crecen en la naturaleza y un sabor fuerte con una textura arenosa.

Sombrero
El sombrero tiene un hundimiento marrón en el centro.

Tallo
De color blanco tiza.

Bola de polvo común

La bola de polvo común crece en bosques y terrenos comunes, y aparece tanto de forma individual como en grupos. Tiene una textura similar a la de la bola de polvo gigante, pero tiene la forma de un hongo tradicional. Es un hongo sapróbico, lo que significa que vive sobre hojas en descomposición y madera. En el interior del hongo, la carne es blanca y densa, con la textura de malvaviscos, al igual que la bola de polvo gigante.

Piel
Su piel está indentada, con pequeñas hendiduras parecidas a verrugas.

Tallo
Este hongo tiene un crecimiento blanco en forma de tallo bajo del cuerpo principal.

CARACTERÍSTICAS

Nombre común:
bola de polvo común, caja de rapé del diablo

Nombre científico:
Lycoperdon perlatum

Comestibilidad:
cocinar bien antes de comer

Estación:
de verano a otoño

Tamaño:
3-5 cm de ancho

TODAS LAS FOTOGRAFÍAS:
Liberando esporas
La bola de polvo común es blanca y parece tener sombrero y tallo, pero cuando la cortas, no tiene sombrero ni láminas, solo el contorno de estos. La bola de polvo presenta un cuerpo frutal en forma de bola que, cuando madura, estalla al contacto o al impacto, liberando una nube de esporas en polvo en el área circundante (véase la fotografía opuesta). Cuando ya es demasiado tarde para comer el hongo, las esporas dentro comienzan a volverse marrones y polvorientas.

Parasol

Como su nombre indica, el hongo parasol es un hongo blanco y marrón, perfectamente convexo, que se asemeja a un parasol o sombrilla eduardiana. Se encuentra principalmente creciendo en anillos de hadas en praderas y, ocasionalmente, en suelos forestales. Se ha descrito el parasol como similar a la piel de serpiente, y su patrón es semejante al políporo escamoso o silla de las hadas.

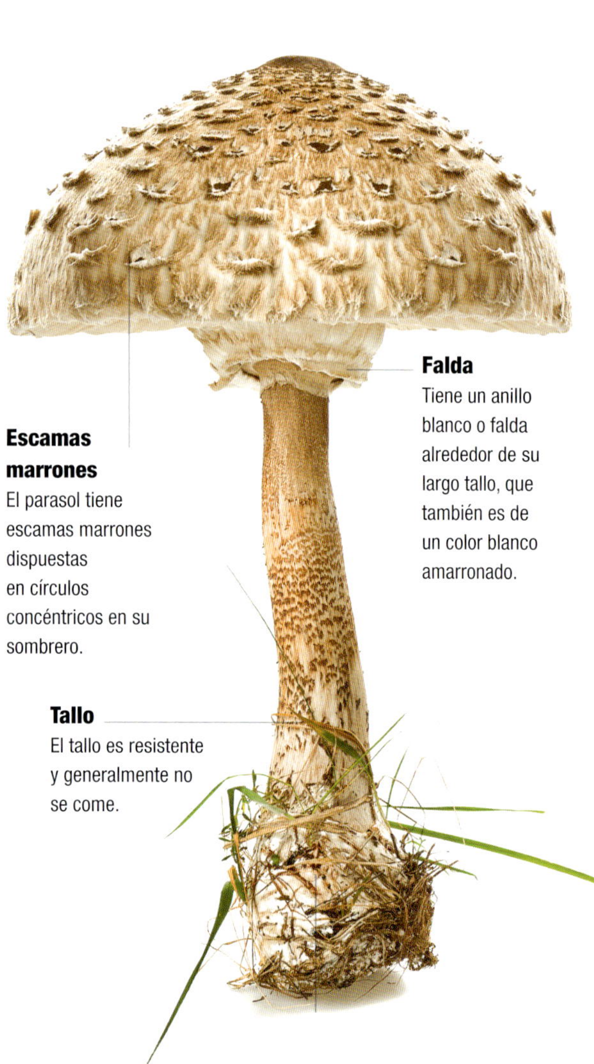

Escamas marrones

El parasol tiene escamas marrones dispuestas en círculos concéntricos en su sombrero.

Tallo

El tallo es resistente y generalmente no se come.

Falda

Tiene un anillo blanco o falda alrededor de su largo tallo, que también es de un color blanco amarronado.

Punta elevada

Un hongo con láminas, el parasol tiene escamas marrones dispuestas en círculos concéntricos en su sombrero, que usualmente presenta una punta elevada en el centro. Los sombreros de los ejemplares más jóvenes pueden ser más cerrados o bulbosos en forma. El parasol comienza su vida pareciendo un hongo botón. Como la mayoría de los hongos silvestres, se recomienda cocinar el parasol antes de comerlo.

CARACTERÍSTICAS

Nombre común:
parasol, sombrero de serpiente, esponja de serpiente

Nombre científico:
Macrolepiota procera

Comestibilidad:
cocinar antes de comer

Estación:
otoño

Tamaño:
6-20 cm de sombrero

Mousseron

Conocido comúnmente como el hongo del anillo de hadas, porque crece en círculos o anillos perfectos, el mousseron es un hongo pequeño y delicado de forma convexa que crece en áreas de césped, principalmente en Europa y América del Norte. Los mousserons crecen solo en la naturaleza y tienen una buena vida útil después de ser recolectados. Tienen un sabor muy fuerte a hongo cuando se cocinan.

CARACTERÍSTICAS

Nombre común:
hongos del anillo de hadas
Nombre científico:
Marasmius oreades

Comestibilidad:
cocinar antes de comer
Estación:
primavera a otoño
Tamaño:
1-3 cm de diámetro
del sombrero

TODAS LAS FOTOGRAFÍAS:
Anillo de hadas
Se cree que las hadas crearon estos hongos bailando sobre la hierba. Desde un punto de vista científico, los hongos crecen en círculos porque el cuerpo principal del hongo está bajo tierra y los cuerpos fructíferos (los hongos) lo rodean.

Comparados con flores, los mousserons son pequeños brotes de hongos de color marrón claro, y sus sombreros suelen dejar de crecer alrededor de los 3 cm de diámetro.

Sombrero
Los sombreros son convexos hasta volverse planos cuando están más viejos y son lisos.

Láminas
Tienen láminas grandes y hojas que van desde sus tallos delgados hasta las finas paredes de los sombreros.

Altura
El morel crece hasta alcanzar
unos 5-6 cm de altura.

Color
Los moreles pueden ser negros,
marrones, amarillos/claros
y blancos.

Tallos
Los tallos son suaves
y huecos.

Morel

Estos pequeños hongos en forma de llama son muy apreciados como una delicia de la primera temporada para los recolectores, principalmente en Europa y América del Norte. Se encuentran entre hojas muertas y musgo en el suelo del bosque; se les ha comparado con pequeñas velas que surgen para iluminar el camino. Uno de los primeros hongos culinarios de la primavera, los moreles son difíciles de cultivar, por lo que son muy buscados. Tienen un sabor rico y forestal, y su textura es delicada y ligeramente masticable. Se suelen rellenar y combinan bien con carnes de caza.

Capas de panal
Creciendo hasta unos 5-6 cm de altura, los moreles vienen en diferentes colores, incluidos negro, marrón, amarillo/claro y blanco. Son sus capuchones en forma de cono, con surcos tipo panal, los que contienen el pigmento de color, mientras que los tallos huecos y suaves son blancos.

Los recolectores deben tener cuidado con el falso morel, que es similar en apariencia, pero no tiene las estrías en forma de cerebro de un verdadero morchella.

CARACTERÍSTICAS

Nombre común:
morel, hongo esponja, pez de tierra, verdadero morel
Nombre científico:
Morchella vulgaris/esculenta

Comestibilidad:
tener precaución
Estación:
primavera a verano
Tamaño:
2 cm de ancho

Hongo porcelana

Un hongo sapróbico, el hongo porcelana, crece abundantemente en racimos sobre árboles y cortezas en descomposición en toda Europa. Otro nombre de este hongo es hongo huevo escalfado, que expresa bien su apariencia. Mirando la parte superior del hongo, parece un huevo escalfado perfectamente hecho, con la misma textura y una capa delgada de mucílago húmedo que lo acompaña. Este hongo tiene su propio fungicida, que ahuyenta a otros hongos, y normalmente crece a gran altura en el árbol.

Tapa de medusa
Las tapas del hongo porcelana son de un blanco brillante, volviéndose grises con el tiempo. Comienzan siendo convexas, pero con la edad se vuelven planas. El hongo tiene un tallo largo, delgado y resistente que se enrosca, con una falda corta y es de color blanco a marrón. La carne es delgada y blanca, y las tapas del hongo pueden parecer translúcidas y como medusas.

Este hongo debe ser cocinado antes de ser consumido, y es aconsejable lavar su mucílago transparente y retirar los tallos duros.

CARACTERÍSTICAS

Nombre común:
hongo porcelana, hongo huevo escalfado, tapa viscosa de haya

Nombre científico:
Mucidula/Oudemansiella mucida

Comestibilidad:
cocinar bien antes de comer

Estación:
verano a otoño

Tamaño:
8 cm de diámetro

Tapa
Pueden medir entre 2 y 8 cm de diámetro.

Láminas
El hongo porcelana tiene láminas blancas y espaciadas.

Nameko

El nameko, que crece en racimos, aparece cuando el tiempo se enfría hacia finales de otoño en las ramas de los árboles y en las hojas podridas, principalmente en Asia. El nameko es un manjar en Japón y tiene un sabor afrutado y a nuez. Tiene una capa gelatinosa en los capuchones que crea una textura única cuando se cocina. El nameko es un hongo medicinal al que se atribuyen propiedades contra el cáncer.

Capuchones

La característica principal del nameko son sus sombreros pegajosos y gelatinosos de color caramelo, que brillan a la luz.

Tallos

El nameko tiene tallos largos, generalmente de 5-7 cm.

TODAS LAS FOTOGRAFÍAS:

Olor a caramelo

Sus tallos, de color blanquecino, a veces marrón claro, son largos (unos 5-7 cm) y tienen pequeñas agallas blanquecinas debajo de los capuchones.

El nameko puede comprarse fresco, seco o en conserva. Algunos dicen que huele a caramelo cuando está crudo.

Cuando se cultiva y se vende fresco, un racimo de nameko se vende en una pequeña parte del sustrato en el que crece. Una vez cortado, este hongo tiene una vida útil corta y se seca rápidamente.

CARACTERÍSTICAS

Nombre común:
nameko, caramelo de mantequilla

Nombre científico:
Pholiota microspora

Comestibilidad:
cocinar antes de comer

Estación:
otoño/otoño a invierno

Tamaño:
1-2 cm

Ostra dorada

Originaria de Asia y Rusia, la ostra dorada es una versión más pequeña y brillante del hongo ostra. Sus sombreros de color amarillo brillante generalmente permanecen como pequeños círculos con una hendidura en el centro.

Tienen láminas finas, blancas y casi transparentes debajo del sombrero. Es parte del género pleurotus y, al igual que el hongo ostra, crece sobre troncos y madera muerta o en descomposición.

ARRIBA:

Sombreros amarillos
El hongo ostra dorada produce sombreros pequeños, en forma de moneda, y otros más grandes, de color amarillo brillante, que crecen en tallos finos en racimos desde el mismo punto sobre un tronco o sustrato.

Los hongos ostra dorados se venden cortados en racimos, también llamados ramos, y a veces se cocinan en esos racimos.

Antes conocido como el hongo fantasma debido a lo difícil que era encontrarlo en la naturaleza, ahora se cultiva ampliamente sobre sustrato.

Sombreros
Los sombreros son muy finos y delicados, y se magullan y rompen con facilidad.

Tallos
Los tallos son muy finos.

CARACTERÍSTICAS

Nombre común:
ostra dorada, ostra amarilla, limón, dashi

Nombre científico:
Pleurotus citrinopileatus

Comestibilidad:
cocinar antes de comer

Estación:
cultivado durante todo el año

Tamaño:
2-6 cm

Ostra rosa

Con una forma similar a la de abanico de la seta de ostra u ostra gris y el tamaño del hongo ostra dorada, este miembro del género pleurotus tiene un color rosa brillante y profundo desde el sombrero hasta las láminas y los tallos. Este hongo llamativo crece en cortezas o troncos, en racimos, y prefiere temperaturas cálidas y humedad. Es mejor recolectarlo cuando es joven, ya que puede volverse seco y duro.

CARACTERÍSTICAS

Nombre común:
ostra rosa

Nombre científico:
Pleurotus djamor

Comestibilidad:
puede comerse crudo

Estación:
primavera a otoño, aunque se cultiva todo el año

Tamaño:
2-5 cm

TODAS LAS FOTOGRAFÍAS:

Pétalos rosas

Con una apariencia similar a múltiples lenguas de perro jadeando, estos hongos son de un rosa profundo y tienen forma de pétalo, con largas láminas rosas espaciadas.

Con el tiempo, el hongo tiende a blanquearse y los bordes del sombrero se doblan ligeramente. Los hongos ostra rosa tienen una vida útil corta y comienzan a pudrirse un par de días después de ser recolectados. Se pueden comer crudos o cocinados, y son delicados, por lo que deben manejarse con cuidado.

Bordes del sombrero
Los bordes del sombrero se blanquean con la edad.

Láminas
El hongo ostra rosa tiene láminas largas de color rosa.

Ostra rey

Una vez que se observa el hongo ostra rey, es evidente por qué recibe su nombre. Con un tallo largo y grueso más similar al de un hongo boleto, se eleva por encima de otros hongos. Este pleurotus tiene el sabor y las características de un hongo ostra, pero con mayor robustez y una textura firme. Nativo de Asia y el Mediterráneo, este hongo prefiere la humedad y las temperaturas cálidas.

Láminas
Las láminas comienzan bajo el sombrero y descienden hasta el tallo.

Sombrero
Tiene un sombrero de color gris medio a oscuro, aterciopelado.

TODAS LAS FOTOGRAFÍAS:
Láminas onduladas
El hongo ostra rey puede alcanzar hasta 20 cm de altura y tiene un sombrero aterciopelado de color gris medio a oscuro, alrededor de 0,5-2 cm más grande que el diámetro del tallo blanco brillante. Tiene láminas que comienzan bajo el extremo del sombrero y descienden hacia el tallo liso.

Los hongos ostra rey son un excelente sustituto de la carne debido a su textura y capacidad para absorber sabores. Se utilizan con frecuencia como sustituto de los hongos porcini.

CARACTERÍSTICAS

Nombre común:
ostra rey, eryngii, trompeta real, cuerno francés

Nombre científico:
Pleurotus eryngii

Comestibilidad:
cocinar antes de comer

Estación:
cultivado durante todo el año

Tamaño:
4-6 cm

Seta de ostra

La seta de ostra tiene forma de abanico y crece en racimos escalonados sobre la corteza de los árboles en la naturaleza o sobre sustrato cuando es cultivada. Es una de las setas más populares del mundo, apreciada tanto por su aspecto como por su textura suave pero carnosa y su versatilidad, especialmente en la cocina asiática. La seta de ostra pertenece al género pleurotus, que también incluye la ostra rosa, la ostra dorada y la ostra rey.

Sombrero
Los sombreros pueden variar de tamaño y son planos.

Tallo
Esta seta tiene láminas largas de color crema en la parte inferior, que se extienden desde un tallo también cremoso.

DERECHA:
Color gris claro

Las setas de ostra pueden ir desde un tono crema hasta gris claro y brotan con tallos individuales desde un mismo punto en la corteza o el sustrato.

Son hongos descomponedores de madera, por lo que siempre es recomendable dejar algunas para que sus esporas puedan dispersarse y sigan creciendo más setas. Para su desarrollo, las setas de ostra necesitan nitrógeno, que obtienen gaseando pequeños gusanos nematodos y absorbiendo sus nutrientes ricos en nitrógeno.

CARACTERÍSTICAS

Nombre común:
seta de ostra, ostra gris

Nombre científico:
Pleurotus ostreatus

Comestibilidad:
cocinar antes de comer

Estación:
de otoño a invierno

Tamaño:
6-8 cm

Poliporo escamoso

Uno de los hongos más bonitos del bosque, el poliporo escamoso, cuyo nombre significa 'silla de las dríades' o 'silla de las hadas', crece sobre la corteza de los árboles en forma de repisas planas, generalmente en grupo. Su color varía desde un tono beis claro hasta marrón oscuro, con escamas más oscuras que le dan un aspecto similar al de las plumas. Si se recolecta, es recomendable escoger los sombreros jóvenes, cuando aún son tiernos.

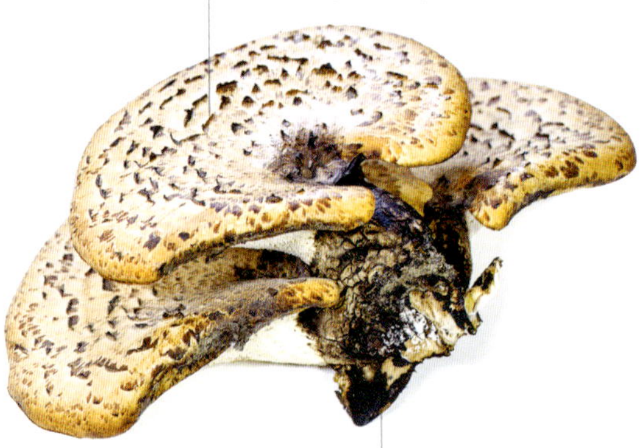

Sombrero escamoso
Las escamas marrón oscuro crean una apariencia plumosa.

Parte inferior
La parte inferior del sombrero es blanca y está cubierta de poros en lugar de láminas.

Hongo de árbol
El poliporo escamoso es un hongo saprófito que crece en árboles caducifolios muertos o moribundos, especialmente olmos, hayas y sicomoros, contribuyendo a la descomposición de la materia orgánica del bosque. Los sombreros pueden alcanzar hasta 30 cm de diámetro y sobresalir unos 12 cm del árbol. Si este hongo crece desde las raíces del árbol bajo el suelo, puede adoptar una forma completamente diferente, desarrollándose con un aspecto de trompeta y el sombrero invertido.

CARACTERÍSTICAS

Nombre común:
poliporo escamoso, seta de la silla de las hadas, hongo lomo de faisán

Nombre científico:
Polyporus squamosus

Comestibilidad:
cocinar antes de comer

Estación:
otoño

Tamaño:
6-30 cm (diámetro del sombrero)

Peziza escarlata

Conocida en el folclore como «baños de hadas», la peziza escarlata crece en suelos boscosos con hojarasca o en árboles en descomposición. Brota en grupos y tiene el aspecto de diminutas copas rojas. Aparece en invierno y cumple un papel esencial en el bosque, ya que actúa como descomponedor secundario, limpiando el suelo de restos orgánicos y facilitando el crecimiento de las plantas primaverales.

Sombrero
El sombrero de esta seta es muy fino y delicado, de color rojo o, en ocasiones, naranja oscuro. A medida que madura, adopta una forma invertida, parecida a una copa.

Pie
Tiene un pie delgado y corto.

IZQUIERDA:
Sombrero delicado
Esta seta recuerda a una flor, sobre todo cuando madura y el sombrero empieza a dividirse en varias secciones. La parte exterior es de color rosado claro y libera esporas al aire con un sonido parecido a un soplido.

La peziza escarlata debe cocinarse antes de su consumo y tiene un sabor y una textura delicados. Si se encuentra en su entorno natural, se recomienda recolectarla con moderación, dejando algunas intactas para que sigan desempeñando su función ecológica en el bosque.

CARACTERÍSTICAS

Nombre común:
peziza escarlata, copa roja, copa escarlata

Nombre científico:
Sarcoscypha austriaca

Comestibilidad:
cocinar antes de consumir

Estación:
invierno a primavera

Tamaño:
5-7 cm

Sombrero

Presenta sombreros con bordes rizados, de color blanco cremoso a amarillo, que pueden separarse fácilmente en pequeñas florecillas.

Peso

Puede crecer en grupos muy grandes, alcanzando hasta 14 kg de peso.

Seta coliflor

Esta seta forestal crece en los árboles y, vista de lejos, recuerda a una coliflor, mientras que de cerca se asemeja más a un coral marino. Sus intrincadas ramificaciones son de un color blanco cremoso, lo que la hace destacar en los oscuros bosques otoñales. Se encuentra en la base de los árboles de coníferas en Asia, Europa, Norteamérica y Australia. También puede cultivarse en condiciones controladas y presenta una textura esponjosa, a veces crujiente.

Corte transversal
Al cortarla, su interior puede recordar a un cerebro.

CARACTERÍSTICAS

Nombre común:
seta coliflor, hongo cerebro, coral de madera
Nombre científico:
Sparassis crispa

Comestibilidad:
cocinar bien antes de consumir
Estación:
otoño
Tamaño:
hasta 30 cm de ancho

ARRIBA:
Parásito
La seta coliflor es un hongo parásito que, con el tiempo, acaba matando al árbol de coníferas en el que se desarrolla.

Su aspecto recuerda a una esponja marina, un cerebro o una coliflor, de donde proviene su nombre. Aunque parece no tener tallo, en realidad cuenta con un núcleo central oculto donde se unen todas sus ramificaciones. No tiene laminillas ni esporas visibles.

Boleto anillado

Este boleto es un hongo robusto con un sombrero viscoso y pegajoso. Crece en bosques de coníferas de todo el mundo. Es un hongo micorrícico, lo que significa que mantiene una relación simbiótica con las raíces de los pinos, beneficiándose mutuamente. Antes de cocinarlo, es necesario retirar su fina cutícula y sus poros, ya que pueden provocar problemas digestivos e incluso dermatitis en algunas personas.

Cubierta removible

El boleto anillado presenta poros gruesos de color amarillo, similares a los de los boletus edulis (*Boletus edulis*). Su carne es blanquecina o amarilla al corte. Cuando es joven, está cubierto por un velo universal, que al desgarrarse deja un anillo en el pie que oscurece con el tiempo, tornándose púrpura o negro.

La cutícula del sombrero es fácil de retirar. Con ayuda de un cuchillo, se puede despegar con la mano, al igual que los poros, que se desprenden con facilidad del reverso del sombrero.

CARACTERÍSTICAS

Nombre común:
boleto anillado, boleto viscoso, hongo baboso

Nombre científico:
Suillus luteus

Comestibilidad:
con precaución

Estación:
otoño

Tamaño:
hasta 13 cm de diámetro

Hongo de la madera

Originario de Europa y América del Norte, el hongo de la madera crece en bosques, generalmente en la base de árboles de roble y haya. Suele estar cubierto por tierra y se camufla bien debido a su sombrero negro, lo que le ha valido el nombre de «cabeza sucia». No debe confundirse con el venenoso *Tricholoma tigrinum*, que se parece, pero tiene grietas en su sombrero, similares a las marcas de un tigre.

CARACTERÍSTICAS

Nombre común:
hongo de la madera, cabeza sucia. capuchina

Nombre científico:
Tricholoma portentosum

Comestibilidad:
cocinar bien antes de comer

Estación:
otoño a invierno

Tamaño:
hasta 3-11 cm de diámetro del sombrero

TODAS LAS FOTOGRAFÍAS

Sombrero
El hongo de la madera tiene un sombrero convexo de color negro a gris oscuro, con líneas finas de color negro o gris que van desde el centro hacia los bordes y un centro elevado.

Este hongo se encuentra en tres continentes diferentes: Europa, América del Norte y Asia. Debido a su naturaleza sucia, es importante limpiarlo bien antes de guisarlo. Se recomienda cocinarlo a fondo.

Láminas
Sus láminas se extienden desde el borde del tallo hasta los extremos del sombrero.

Tallo
Su tallo es grueso y corto, de color blanco brillante.

Matsutake

Muy apreciado en Japón, el matsutake es un hongo silvestre relativamente raro que, en su temporada otoñal, se regala tradicionalmente en bodas japonesas. Tiene un aroma y un sabor especiados muy característicos, una textura firme y se considera una exquisitez. Crece en los alrededores de los pinos en zonas boscosas de Asia y Estados Unidos.

Láminas

Presenta láminas bajo el sombrero, aunque este suele estar fuertemente cerrado.

Corte transversal

Los bordes del sombrero están tan apretadamente curvados que, al cortarlo en sección transversal, forman un patrón circular agradable.

TODAS LAS FOTOGRAFÍAS:

Hongo pesado

De color blanco, con una capa superior de tono marrón rojizo claro, el matsutake es un hongo grande con un tallo robusto de unos 10 cm y un sombrero entre 1 y 3 cm más ancho que el tallo. Además, es denso y puede llegar a pesar hasta 50 g por unidad.

El matsutake es sensible a los cambios de temperatura, tiene una temporada de recolección corta y no puede cultivarse a gran escala, lo que hace que alcance precios elevados.

CARACTERÍSTICAS

Nombre común:
hongo de los pinos

Nombre científico:
Tricholoma matsutake

Comestibilidad:
cocinar antes de consumir

Estación:
otoño

Tamaño:
5-10 cm de diámetro del sombrero

Trufas

Posiblemente el mayor tesoro del mundo de los hongos silvestres, las trufas han fascinado a la humanidad durante siglos. Este hongo es muy distinto a los demás, ya que fructifica bajo tierra en los bosques en lugar de hacerlo en la superficie. Son difíciles de encontrar, pero desprenden un olor intenso que, tradicionalmente, perros y cerdos han sido entrenados para detectar. Una vez localizadas, los recolectores las desentierran con cuidado.

Piel
La trufa es una bola irregular con una piel rugosa y llena de protuberancias.

Interior
En su interior presenta líneas y grietas intrincadas, similares a un laberinto.

TODAS LAS FOTOGRAFÍAS:
Tipos de trufa
Originarias de Europa, las trufas crecen de forma silvestre y, con cierta ayuda profesional (aunque sin llegar a cultivarse realmente), también se producen en instalaciones especializadas de distintas partes del mundo, especialmente en Sudamérica, Sudáfrica, Australia y el Reino Unido.

Existen varias especies de trufa, siendo las más destacadas la trufa negra de verano, la trufa negra de invierno y la trufa blanca. Todas tienen una apariencia similar, aunque varían en color y tamaño.

CARACTERÍSTICAS

Nombre común:
trufas

Nombre científico:
Tuber aestivum/ melanosporum/magnatum/ borchii

Comestibilidad:
cocinar antes de consumir

Estación:
verano a otoño

Tamaño:
2,5-10 cm de diámetro

Seta de paja

Pequeñas y delicadas, las setas de paja son de las más consumidas en el mundo y un ingrediente esencial en la cocina asiática. Nativas de Asia, crecen de forma silvestre en climas subtropicales con alta humedad y se cultivan ampliamente.

Es difícil distinguir los ejemplares jóvenes de esta seta de la mortal amanita faloide. Sin embargo, en etapas más avanzadas de crecimiento, las diferencias se hacen evidentes: la amanita faloide tiene un pie más delgado y presenta un anillo.

Forma cambiante

Las setas de paja presentan un aspecto muy diferente según su etapa de crecimiento. En un principio, tienen forma de huevo, con tonos marrones y cremosos y completamente cerradas. Posteriormente, adquieren su aspecto más típico, con un sombrero cónico marrón y laminillas y pie de color crema.

Se consumen principalmente en su fase joven, cuando aún conservan el velo universal que envuelve el sombrero y el pie antes de romperse.

CARACTERÍSTICAS

Nombre común:
seta de paja, seta de arroz, seta china

Nombre científico:
Volvariella volvacea

Comestibilidad:
cocinar antes de consumir

Estación:
cultivada durante todo el año

Tamaño:
entre 5 y 12 cm

Las setas en la cocina

Las setas son un ingrediente tan cotidiano en nuestras cocinas que es fácil olvidar lo útiles e importantes que son para nuestra alimentación. De hecho, se han consumido en todo el mundo durante siglos.

La fascinación por las setas viene de lejos. Un estudio sobre el sarro dental de hace 19 000 años ha revelado que los humanos ya las comían en el Paleolítico. Se han encontrado setas en la tumba de un hombre que vivió en Europa entre el 3400 y el 3100 a. C. En la literatura china del siglo X a. C. ya aparecen menciones a su consumo. Los antiguos griegos las consideraban alimento de los dioses, mientras que los egipcios creían que comer setas alargaba la vida. Algunas variedades eran, además, las preferidas de ciertos emperadores romanos.

Un alimento nutritivo

No es difícil entender por qué las setas han sido tan apreciadas. No solo tienen un gran sabor y un alto contenido en proteínas, sino que, dependiendo de la variedad, pueden ser ricas en vitaminas del grupo B, vitamina D, vitamina C, hierro, ácido fólico y zinc. Además, aportan beneficios para la digestión y la piel. Parece que los egipcios tenían razón… siempre que se elijan las setas adecuadas, por supuesto.

A lo largo de la historia y en diversas culturas, se han recogido y celebrado las setas. Algunas, como el matsutake, se ofrecen como regalo en bodas y otras ocasiones especiales. Las setas silvestres suelen recolectarse en otoño, cuando abundan y están en su mejor momento, con muchos tipos de hongos diferentes que se pueden encontrar y conservar para el resto del año.

Escultura mesoamericana
Escultura de piedra de 33 cm de altura con forma de seta y figura humana, datada entre el 300 y el 100 a. C., hallada cerca de San José (Guatemala).

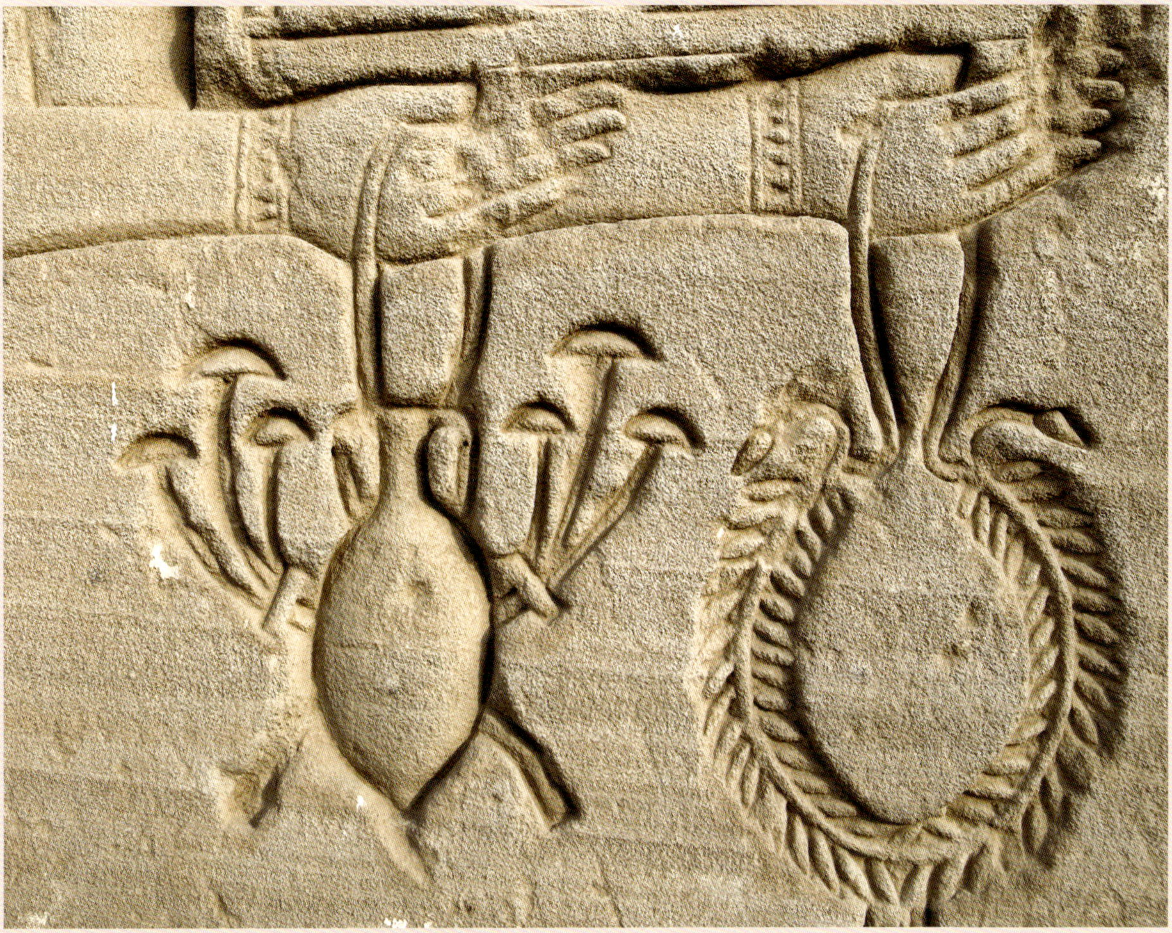

ARRIBA:

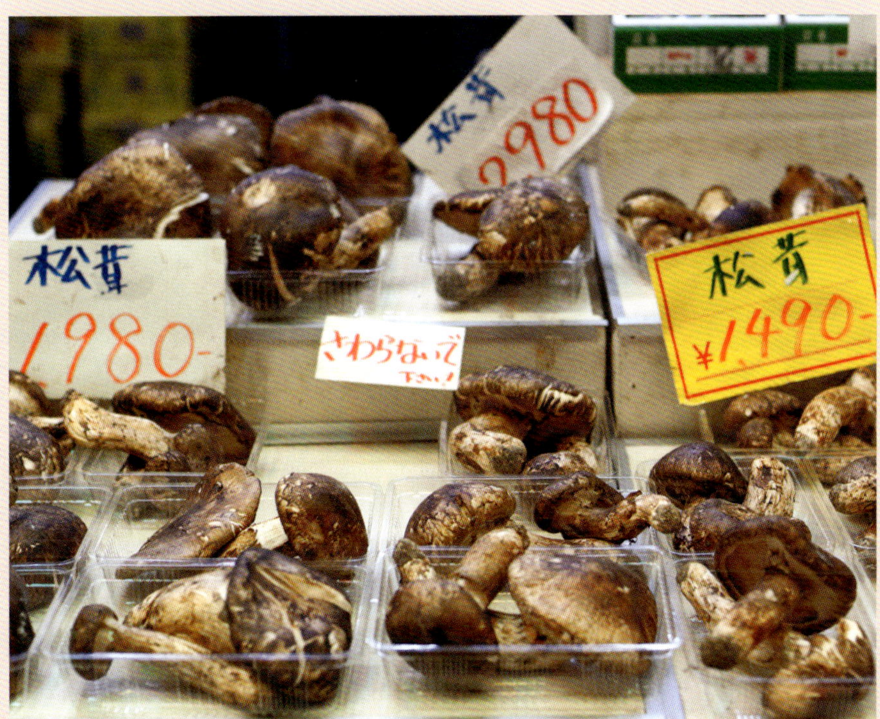

Relieve de piedra antiguo

Este relieve de piedra del antiguo Egipto, procedente del templo ptolemaico de Hathor en Dendera, muestra lo que parece ser algún tipo de recipiente culinario que contiene hongos.

IZQUIERDA:

Hongos de primera calidad

Hongos matsutake deshidratados a la venta en el mercado de Nishiki, Kioto (Japón). En Japón, los matsutake son considerados una delicatesen y se ofrecen como regalo en ocasiones especiales.

IZQUIERDA Y ABAJO:
Limpieza
Los hongos suelen estar
cubiertos de tierra o insectos
y deben limpiarse a fondo
antes de cocinarlos. En algunos
casos, merece la pena pelar
la piel del sombrero para
garantizar su limpieza.

DERECHA:
Trompeta negra
Hongos trompeta negra a
la venta en el mercado de
Borough, Londres (Reino
Unido). Este hongo tiene un
sabor intenso y es delicioso.

Aparte de tener la identificación correcta, lo más importante con los hongos silvestres es asegurarse de limpiarlos adecuadamente. A veces, los hongos pueden estar cubiertos de tierra, barro e insectos. En el caso de estos últimos, es posible que deba considerar si vale la pena comer el hongo. Si no le importa algo de proteína extra con el hongo, adelante, pero es recomendable obtener el hongo más limpio posible. Si tiene un hongo carnoso con sombrero completo, una limpieza eficiente con un paño limpio y húmedo o con papel de cocina mojado eliminará cualquier suciedad o tierra. Para los hongos más delicados y finos, lavarlos bajo un chorro de agua suave será lo más efectivo.

Setas peligrosas

Es tan importante saber identificar los hongos peligrosos como reconocer los comestibles. Si se tiene alguna duda de si hemos recogido el hongo equivocado mientras buscamos, lo mejor es no recolectarlo.

No solo los hongos venenosos causan todo tipo de trastornos gástricos desagradables, insuficiencia renal y hepática, reacciones psicóticas y muerte, sino que juegan un papel clave en la preservación de los ecosistemas para continuar el equilibrio rico que los hongos comestibles y otros organismos necesitan para prosperar.

No hay reglas fijas para detectar un hongo peligroso, ya que son todos bastante diferentes. Es mejor memorizar sus características e investigarlas a fondo.

Un mal olor, como el de yodo, patatas crudas o frutas en descomposición, puede ser clave para identificar algunos de los hongos venenosos y es el sistema de advertencia de la naturaleza, pero no es algo en lo que se pueda confiar por completo.

De manera confusa, desde un punto de vista visual, no siempre son los grandes de color rojo brillante los que son venenosos (aunque el vistoso amanita muscaria lo es, sin duda). La mayoría de los hongos más mortales son completamente blancos y parece como si pudieran comprarse en un estante de supermercado.

Debemos conocer a nuestro enemigo: ante la duda sobre la identidad de un hongo, lo mejor es no comerlo.

IZQUIERDA:

Amanita muscaria

Con su brillante sombrero rojo con manchas blancas, el *Amanita muscaria* destaca inmediatamente en el suelo del bosque. Sus colores vivos han dado lugar a la creencia de que es el hogar de hadas y otras criaturas mágicas. La realidad es que este hongo es venenoso y es famoso por sus propiedades psicoactivas y alucinógenas.

Velo

Inicialmente tiene
un velo parcial que
cubre sus láminas
y una gran falda
blanca alrededor
de su pie.

Láminas

Tiene láminas de color marrón
rosado a medida que el hongo
madura.

Manchas

El hongo se mancha
de amarillo brillante
cuando se golpea.

Pie

Su pie largo y grueso
es bulboso hacia el extremo.

Agaricus amarillo

Encontrado en Europa y América del Norte, este hongo blanco venenoso se parece mucho a un agaricus común, como la seta campesina de campo o el champiñón de botón que podrías comprar en la tienda. Sin embargo, lo que lo diferencia crucialmente, como su nombre común indica, es que rápidamente se mancha de un amarillo brillante cuando se daña. Crece en grupos y anillos, es sapróbico y se puede encontrar en setos, praderas y bosques abiertos.

ARRIBA Y A LA IZQUIERDA:

Sombrero que se aplana

Con un sombrero que pasa de ser redondeado a aplanado, este hongo tiene branquias blancas que luego se vuelven de color marrón rosado a medida que madura. Cuando el hongo se corta, se mancha de un amarillo brillante, especialmente en la base del tallo. Se dice que huele a yodo.

Aunque no afecta a todos los que lo consumen, el agaricus amarillo puede causar intensos cólicos estomacales, sudoración, diarrea, náuseas y vómitos. Es similar al comestible *Agaricus arvensis*, que también se mancha de amarillo, pero no de un amarillo tan intenso y tiene un olor a anís.

CARACTERÍSTICAS

Nombre común:
agaricus amarillo

Nombre científico:
Agaricus xanthodermus

Estación:
de verano a otoño

Tamaño:
hasta 16 cm de diámetro

Falda
Este hongo tiene una falda blanca, larga y suelta.

Branquias
Tiene branquias blancas apretadas que están libres del tallo.

Tallo
Tiene un tallo largo, blanco y grueso, que parece desordenado y robusto cuando es joven.

Base
La base tiene una volva bulbosa con anillos desordenados de escamas alrededor.

Amanita muscaria

El hongo venenoso por excelencia, el *Amanita muscaria* es el hongo que la mayoría de las personas reconoce como venenoso. Ha atraído mucha atención en el mundo del arte, la literatura y el cine, e incluso tiene su propio *emoji*. De un brillante color rojo con manchas blancas, este icónico hongo de cuento de hadas es atractivo a la vista, pero venenoso, causando reacciones psicóticas. Se encuentra en bosques cerca de árboles en todo el mundo, siendo parte del género Amanita y micorrícico. Es ilegal vender el amanita muscaria para consumo humano en la mayoría de los países.

Sombrero manchado
El sombrero es de un rojo brillante o a veces de un naranja rojizo, con manchas blancas puras que pueden ser eliminadas y caen naturalmente con la madurez, lo que puede llevar a confundirla con una oronja, que sí es comestible.

Este hongo podría matarte, aunque tendrías que comer mucho de él para que eso ocurriera. Los síntomas incluyen euforia, insomnio, calambres, temblores, espasmos musculares y náuseas.

CARACTERÍSTICAS

Nombre común: 
amanita muscaria, el hongo de los cuentos de hadas, amanita mosca

Nombre científico:
Amanita muscaria

Estación:
de verano a invierno

Tamaño:
20 cm

Las setas en el folclore

El intrincado y fascinante mundo de los hongos, con todas sus características inusuales y peculiares, ha inspirado durante mucho tiempo la creatividad, principalmente a través de historias míticas y el arte en diversas culturas y partes del mundo. Una de las razones por las que los hongos han cautivado tanto la imaginación de las personas con tanta viveza y por tanto tiempo está relacionada con su capacidad para aparecer de la nada y desaparecer con la misma rapidez. La fascinación también proviene del misterio de sus efectos variables, como lo descubre Alicia cuando consume una cierta parte de un hongo para cambiar físicamente su mundo en la novela de fantasía de Lewis Carroll, *Alicia en el País de las Maravillas* (1870). La cultura europea, en particular, ha estado obsesionada con los hongos de anillo de hadas, inspirando la propia descripción, y el mito dice que las hadas crearon estos círculos bailando toda la noche. Se pensaba que los círculos incluso actuaban como portales a un reino mágico y, si los humanos pisaban estos anillos de hadas, serían transportados a un mundo de hadas.

En los Países Bajos, el cuento es algo diferente. Se cree que los anillos de hadas son lugares donde el diablo deja su cuba de leche y, una vez la recoge, deja un gran círculo en la hierba. De manera similar, en el pasado, a los viajeros que iban a Francia y Austria se les aconsejaba evitar

Alicia en el País de las Maravillas
Una oruga ofrece consejos sabios a Alicia mientras se sienta sobre un sombrero de seta, de *Aventuras de Alicia en el País de las Maravillas*, de Lewis Carroll (1865).

Anillo de hadas
En Europa, una gran cantidad de folclore rodea los anillos de hadas. Sus nombres en las lenguas europeas suelen hacer referencia a orígenes sobrenaturales; en Francia se les conoce como «ronds de sorciers» ('anillos de brujas') y en alemán «Hexenringe» ('anillos de brujas').

Anillo de hadas
Hongos clitociboidales dispuestos en un típico «anillo de hadas» en algún lugar de Alemania. Los clitocybe son un tipo común de hongo, aunque muchos de ellos son considerados venenosos.

un anillo de hadas de hongos por miedo a que
ocurran cosas malas. En Irlanda, perturbar un
círculo de hadas traerá mala suerte, ya que las
hadas bailarinas son traviesas. En Alemania,
los círculos de hongos se asociaban con los
círculos de baile de las brujas. Recolectar hongos también se ha asociado con la luna llena y
la creencia de que, si no se recogen durante la
luna llena, se volverían venenosos.

Las pinturas victorianas de setas de hadas
continuaron esta narrativa de un mundo mágico creado alrededor de los hongos, las hadas
y los elfos, y hongos particulares están bien representados en este mundo mítico. El nombre
«silla de hadas» significa literalmente que los
hongos son pequeños escalones o asientos para
que las hadas se sienten, y el venenoso hongo
agaric mosca rojo y blanco aparece en muchas
ilustraciones de libros de cuentos de hadas.
Incluso se dice que fue la inspiración detrás del
brillante atuendo rojo de Papá Noel. A lo largo
de los años, muchas tarjetas de Navidad han
representado a hadas y duendecillos jugando
en la nieve y refugiados en casas de hongos.

En Japón, el agaric mosca a menudo se ve
con el perro mapache del folclore, el tanuki, y
en China, los hongos se representan regularmente como flores de la muerte que brotan de
los cuerpos en descomposición de los difuntos.
Generaciones de personas han crecido con estas
imágenes y relatos, y los hongos siguen siendo
símbolos poderosos de magia y mística.

Amanita pantera

Creciente por toda Europa, Sudáfrica y Asia, la amanita pantera es un hongo venenoso que, a través de sus efectos, como alucinaciones, sinestesia, euforia, disforia, diarrea, vómitos, sudoración excesiva y deshidratación severa, puede causar la muerte. Se encuentra en bosques de hojas caducas y coníferas y, a veces, en praderas. La amanita pantera también se conoce como la falsa rubor, puesto que es muy similar a la comestible amanita rubor.

Sombrero
El sombrero está cubierto de escamas blancas.

Vulva
Este hongo tiene una vulva en la base.

TODAS LAS FOTOGRAFÍAS:
Con sombreros de color marrón oscuro y escamas o verrugas blancas o grises, la amanita pantera tiene láminas blancas a grises que están separadas del tallo. El tallo es grueso, largo y blanco, con una falda larga y rizada sin surcos, y anillos rizados en el extremo. Tiene una vulva en la base. Los sombreros son pegajosos cuando están mojados y la carne es blanca, permaneciendo blanca cuando se corta. Se dice que la amanita pantera huele a patatas crudas. A veces se considera similar a los hongos mágicos, aunque con efectos secundarios desagradables. Es ilegal vender amanita pantera en los Países Bajos.

CARACTERÍSTICAS

Nombre común: 
amanita pantera,
falsa rubor,
amanita pantera

Nombre científico:
Amanita pantherina

Estación:
otoño

Tamaño:
hasta 18 cm de diámetro

Amanita faloide

Se cree que es responsable del 90 % de las muertes por intoxicación relacionadas con hongos venenosos, la precisamente llamada amanita faloide es un hongo muy discreto, que parece bastante inofensivo en comparación con sus contrapartes rojas y moteadas venenosas, pero su olor a enfermedad lo delata. Parte del género amanita, este hongo micorrícico crece en pequeños grupos bajo los árboles, generalmente robles y hayas, en bosques mixtos, parques y jardines de todo el mundo.

Sombrero
La amanita faloide tiene un sombrero convexo de color blanco a marrón claro verdoso.

Tallo
El tallo tiene una falda blanca suelta y una vulva en la base.

Fibras
Fibras tenues en la parte media del sombrero le dan una apariencia estriada a medida que madura.

TODAS LAS FOTOGRAFÍAS:
Forma de huevo
La amanita faloide tiene láminas blancas ajustadas y un tallo blanco a marrón claro. Cuando es joven, estos hongos tienen forma de huevo y pueden ser completamente blancos, lo que los hace parecerse a los hongos comestibles tipo champiñón.

Con solo ingerir la mitad de una amanita faloide se puede matar a un adulto. Los síntomas incluyen ictericia, diarrea, vómitos, convulsiones, coma y muerte debido a insuficiencia hepática y renal.

CARACTERÍSTICAS

Nombre común:
amanita faloide

Nombre científico:
Amanita phalloides

Estación:
verano a otoño

Tamaño:
hasta 15 cm de diámetro

Hongo angelical

Conocidos por su belleza y rareza, los hongos angelicales son hongos venenosos de un blanco puro y estéticamente agradables que inducen un dolor abdominal severo, seguido de insuficiencia renal y hepática, y finalmente la muerte. El hongo provoca síntomas hasta 24 horas después de ser ingerido y luego genera una falsa sensación de seguridad, ya que los síntomas disminuyen antes de que los riñones dejen de funcionar.

CARACTERÍSTICAS

Nombre común:
ángel destructor,
hongo tonto,
hongo angelical primaveral

Nombre científico:
Amanita virosa/verna

Estación:
primavera a otoño

Tamaño:
10 cm
de diámetro

TODAS LAS FOTOGRAFÍAS:
Blanco puro
Este hongo micorrízico crece en bosques mixtos, principalmente en Europa. Existen tipos de hongos angelicales que crecen en América del Norte, como *Amanita bisporigera* y *Amanita ocreata*, con diferencias muy sutiles entre ellas. Es de un blanco puro desde su sombrero hasta las branquias y el pie, y se mantiene completamente blanco al cortarlo. También tiene una impresión de esporas blanca.

Sombrero
Comienza con una forma de huevo y se abre hasta tener un sombrero convexo.

Sombrero plano
El sombrero se aplana con el tiempo.

Pie
Este hongo tiene un pie largo con una falda rizada, además de una volva en la base del pie.

Branquias
Las branquias están muy juntas. Cuando es joven, tiene un velo parcial sobre las branquias.

Parasol falso

El parasol falso no es un hongo mortal, pero puede causar una enfermedad grave durante un par de días, con síntomas de vómitos, diarrea y dolores y espasmos severos. Muy abundante en América del Norte, es un hongo de grandes dimensiones que crece en campos, setos y parques, en grandes grupos y anillos de hadas. La clave para identificar este hongo es su esporada, dado que es muy similar al parasol escamoso. El parasol falso tiene una esporada verde, aunque los ejemplares jóvenes presentan una esporada blanca.

Sombrero
Un parasol falso maduro tiene un sombrero plano.

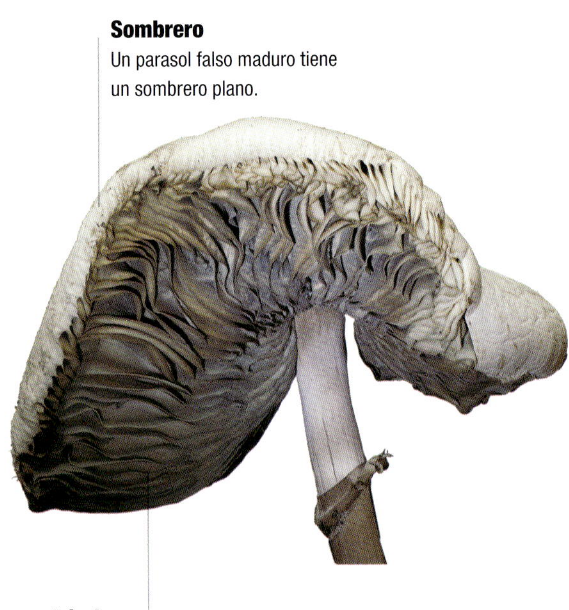

Láminas
Las láminas, que van de blancas a marrón verdosas, son apretadas.

DERECHA:
Sombrero moteado de marrón
Cuando es joven, el sombrero del parasol falso es como una bola pequeña, con motas marrones, ya que el sombrero está muy cerrado. A medida que envejece, el parasol falso se vuelve plano y las motas pueden caerse. El pie es delgado y blanquecino, volviéndose rojo a marrón hacia la base, con un anillo blanco que cambia de color con el tiempo. La carne del sombrero no se tiñe cuando se corta, pero la carne del pie se vuelve marrón rojiza.

CARACTERÍSTICAS

Nombre común: ✠
parasol falso, vómito, parasol de esporas verdes, lepiota de esporas verdes, lámina verde

Nombre científico:
Chlorophyllum molybdites

Estación:
de verano a otoño

Tamaño:
hasta 30 cm de diámetro

Embudo del tonto

En sus diversas formas y etapas de madurez, el embudo del tonto puede parecerse a muchos otros hongos y, lamentablemente, es uno de los mortales. Este hongo contiene una cantidad letal de muscarina y, entre otros efectos, provoca visión borrosa, cólicos abdominales y diarrea. Crece en anillos sobre pastizales, caminos y márgenes de carreteras, principalmente en Europa y América del Norte.

CARACTERÍSTICAS

Nombre común:
embudo del tonto,
falso champiñón,
embudo marfil

Nombre científico:
Clitocybe rivulosa
/ *Clitocybe dealbata*

Estación:
de verano a invierno

Tamaño:
hasta 6 cm de diámetro

TODAS LAS FOTOGRAFÍAS:
Sombrero de forma irregular
El embudo del tonto tiene un sombrero moteado de blanco a marrón claro, dependiendo de su edad, y branquias anchas de color blanco a rosado que bajan por el tallo. El tallo es delgado, sin falda, y la carne interior es de color blanco apagado y no cambia al ser cortada. A medida que madura, el sombrero puede volverse irregular en cuanto a la forma, pero generalmente mantiene la clásica forma de embudo, con los bordes ligeramente incurvados. Este hongo tiene un olor dulce cuando se aplasta.

Branquias
Las branquias son anchas y de color rosado.

Sombrero
Este puede ser de color blanco apagado o marrón claro.

Cúpula mortal

Encontrado en Europa, Asia y América del Norte, la cúpula mortal crece en grupos pequeños dentro de bosques de coníferas. Una vez ingerida, libera una toxina que provoca síntomas similares a la gripe y náuseas, lo que finalmente destruye el hígado y los riñones. El velo parcial de este hongo es una fina red de fibras radiales que se extiende desde el tallo hasta el borde del sombrero, pareciendo una tela de araña.

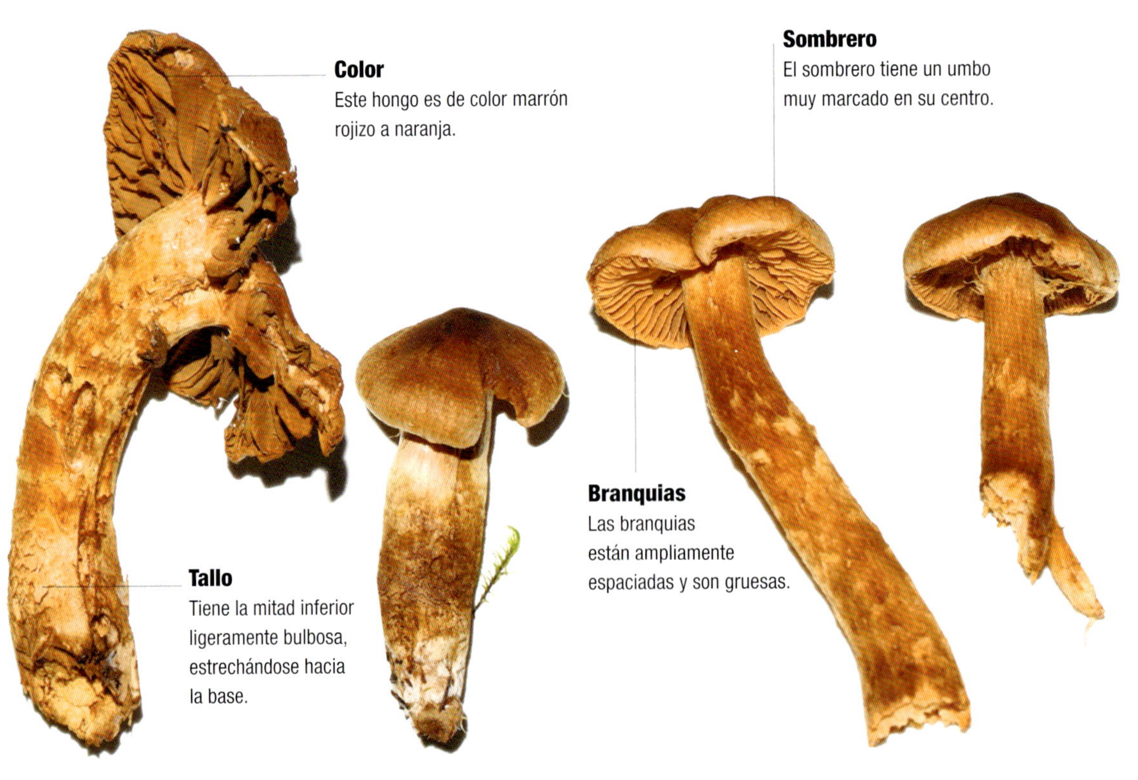

Color
Este hongo es de color marrón rojizo a naranja.

Sombrero
El sombrero tiene un umbo muy marcado en su centro.

Tallo
Tiene la mitad inferior ligeramente bulbosa, estrechándose hacia la base.

Branquias
Las branquias están ampliamente espaciadas y son gruesas.

CARACTERÍSTICAS

Nombre común:
cúpula mortal 

Nombre científico:
Cortinarius rubellus

Estación:
de verano a invierno

Tamaño:
hasta 8 cm de diámetro

TODAS LAS FOTOGRAFÍAS:

Marrón oxidado
El sombrero es de color marrón rojizo oxidado a naranja y puede ser velloso o escamoso. Las branquias tienen el mismo color y presentan diferentes longitudes, con tallos de aspecto leñoso, nuevamente del mismo color, pero a veces con manchas más oscuras y otras veces más claras. Se dice que este hongo micorrízico huele a rábanos.

Galerina mortal

Encontrada en Europa, América del Norte, Asia y Australia, la galerina mortal contiene las mismas amatoxinas que el hongo angelical y sus síntomas incluyen vómitos, diarrea, hipotermia, daños severos en el hígado y la muerte si no se trata a tiempo. Se parece y a menudo se confunde con otro hongo semivenenoso, el hongo embaucador, así como con el comestible seta de la miel, el *Kuehneromyces mutabilis* y la seta aterciopelada.

Láminas
Las láminas son de color marrón claro y están bastante juntas.

Sombrero
Este suele tener el borde más claro en comparación con el centro.

Pie
Este es de color marrón plateado claro.

DERECHA:

Hospedador leñoso
La galerina mortal es sapróbica y crece sobre madera en descomposición, principalmente en árboles de coníferas. Este hongo tiene un sombrero de color marrón amarillento a marrón con un borde más claro que comienza convexo y en forma de campana, y se aplana con el tiempo. El sombrero a veces tiene un umbo en el centro, que es de un color más oscuro. El hongo tiene láminas marrones y apretadas y un pie fibroso y plateado, que tiene una pequeña falda.

CARACTERÍSTICAS

Nombre común:
galerina mortal, sombrero mortal

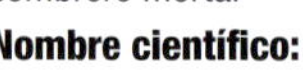

Nombre científico:
Galerina marginata

Estación:
verano a otoño

Tamaño:
hasta 8 cm

Lepiota marrón rojizo

Común en Europa, Oriente Medio y Asia, el lepiota marrón rojizo es un hongo mortal que crece en praderas y a menudo se confunde con hongos comestibles debido a su parecido con el caballero gris (*Tricholoma terreum*) y el mousseron cuando es joven. Prefiere temperaturas suaves a cálidas y es saprófito. El consejo general es evitar este hongo y cualquier hongo similar cuando se recolectan en la naturaleza.

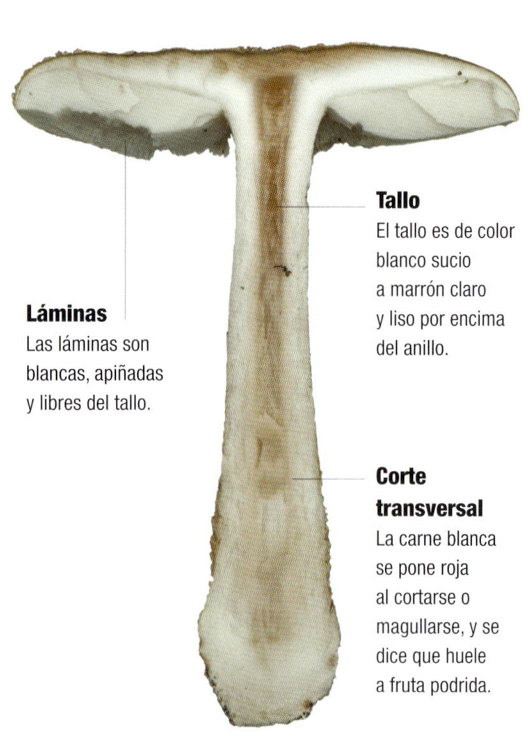

Láminas
Las láminas son blancas, apiñadas y libres del tallo.

Tallo
El tallo es de color blanco sucio a marrón claro y liso por encima del anillo.

Corte transversal
La carne blanca se pone roja al cortarse o magullarse, y se dice que huele a fruta podrida.

CARACTERÍSTICAS

Nombre común:
lepiota marrón rojizo ☠

Nombre científico:
Lepiota brunneoincarnata

Estación:
de verano a otoño

Tamaño:
hasta 6 cm de diámetro

TODAS LAS FOTOGRAFÍAS:
Sombrero escamoso
Este hongo tiene un sombrero marrón con escamas y láminas blancas apretadas de diferentes longitudes. Las escamas de su sombrero son concéntricas y se oscurecen con la edad, y el tallo es rosado en la parte superior, volviéndose marrón con escamas hacia la base, con una zona de anillo que las separa. Los síntomas al ingerir el lepiota marrón rojizo son inicialmente vómitos y náuseas, seguidos de daño hepático y fallo renal.

Cono mortal

Común en céspedes de parques y jardines, el cono mortal es un hongo saprófito y venenoso que crece sobre hojas en descomposición. Se encuentra principalmente en Europa, Asia y América del Norte, y es muy similar al hongo comestible mousseron, aunque algunos lo consideran mortal. Debido a que su nombre ha sido cambiado varias veces a lo largo de los años, existe confusión sobre su identificación. Este hongo no tiene olor y su impresión de esporas es de color amarillo oxidado a marrón.

Sombrero
El sombrero de este hongo es casi translúcido.

Tallo
Los tallos son muy delgados y tienen una pequeña falda pálida.

DERECHA:

Sombrero arrugado
De color marrón rojizo, estos pequeños hongos tienen sombreros marrones y casi translúcidos. Las láminas de debajo son visibles a través del sombrero y crean un patrón de líneas en espiral en la superficie del sombrero. El hongo tiene un umbo prominente en el centro del sombrero y arrugas hacia el centro. Las láminas marrones claras están muy apretadas y son de longitudes variables. Al cortarlo, la carne de este hongo es de color marrón claro.

CARACTERÍSTICAS

Nombre común:
cono mortal 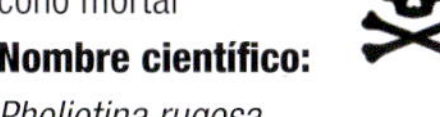

Nombre científico:
Pholiotina rugosa
/Conocybe rugosa

Estación:
de primavera a otoño

Tamaño:
hasta 3 cm de diámetro

Alas de ángel

Este hongo blanco, con forma de abanico, crece en grupos sobre árboles de coníferas y tiene la apariencia de pequeñas alas de ángel. Común en el hemisferio norte, las alas de ángel se asemejan mucho la seta de ostra, pero son más blancas, de forma generalmente más acampanada, más delgadas y frágiles. Antes considerado comestible, con el tiempo se ha vinculado el hongo alas de ángel con convulsiones, daños cerebrales, insuficiencia renal y muerte.

Sombrero
El sombrero tiene un aspecto aterciopelado y una forma de embudo o lengua.

Láminas
Sus láminas tienen el mismo color que el sombrero y se encuentran en la parte inferior del sombrero.

Pecíolo
A veces tiene un pecíolo estéril muy corto.

IZQUIERDA:

Hospedador alado
Este hongo tiene sombreros ondulados, blancos o marfil, sin pecíolo o con un pecíolo casi inexistente, que se vuelven de color crema con la edad. La carne es muy delgada y frágil. Saprófito, se cree que las alas de ángel contienen un aminoácido presente que podría explicar su toxicidad. Puede que este hongo solo afecte a algunas personas, como ocurre con el hongo de la mancha amarilla, pero en general no se sabe lo suficiente sobre sus efectos.

CARACTERÍSTICAS

Nombre común: 
alas de ángel

Nombre científico:
Pleurocybella porrigens

Estación:
otoño

Tamaño:
hasta 10 cm de ancho

Sombrero de la libertad

Descrito como un hongo psicodélico típico, el sombrero de la libertad produce los compuestos psicoactivos psilocibina, psilocina y baeocistina, y es muy potente. Se encuentra en pastos, páramos y parques. Este hongo es pequeño, con forma de sombrero de campana y un tallo delgado. Es un hongo saprófito que se encuentra en zonas de temperaturas suaves a lo largo de ambos hemisferios, tanto en el norte como en el sur.

ARRIBA:

Sombrero plateado con rayas
Este hongo tiene un sombrero en forma de cono, de color amarillo a marrón, que se seca y se vuelve plateado. El sombrero también presenta finas rayas que suben por él. El hongo se vuelve azul si se golpea.

El sombrero de la libertad se clasifica como un hongo alucinógeno y, legalmente, como una sustancia psicotrópica de uso ilícito. Estos hongos están prohibidos en la mayoría de los países del mundo.

CARACTERÍSTICAS

Nombre común:
sombrero de la libertad

Nombre científico:
Psilocybe semilanceata

Estación:
de otoño/invierno

Tamaño:
sombrero de 1 cm

Sombrero
Tiene un centro elevado
o umbo en el medio
y una cobertura translúcida.

Láminas
Sus láminas son de color marrón
a gris y ocupan la mayor parte del
interior del sombrero, ya que la
pared del sombrero es muy fina.

Pie
El pie del hongo es muy delgado,
de color marrón claro, y suele
crecer en una curva o forma
ondulada.

Usos de las setas en la actualidad

Lo más fascinante de los hongos es que, además de su rica historia, su capacidad medicinal, su importante trabajo ecológico descomponiendo y renovando bosques y campos, y su capacidad para enriquecernos a través de la comida, siguen inspirándonos a los seres humanos a mejorar nuestras vidas.

Los hongos, o más apropiadamente su estructura radicular, el micelio, se está utilizando para fabricar cuero libre de crueldad, ataúdes ecológicos, productos de belleza y cuidado de la piel, fertilizantes, embalajes compostables, materiales de construcción, ropa autorreparable y chips y baterías biodegradables. Los últimos cinco años han presenciado un auge cultural en lo que respecta a los hongos, con nuevas e ingeniosas formas de utilizarlos para mejorar tanto a nosotros mismos como al planeta en el que vivimos, que se publican prácticamente todas las semanas.

Desde la fabricación de ladrillos usando una mezcla de micelio y cáscaras de maíz, lo suficientemente fuertes como para resistir, hasta la agencia espacial estadounidense NASA, colaborando con arquitectos para desarrollar viviendas hechas de un organismo fúngico vivo para usar en el espacio, está empezando a parecer que los hongos van a ser fundamentales para nuestro futuro.

Hongo de micelio
Una imagen macro del micelio fúngico, o hifas, extendiéndose sobre la superficie de un bloque de madera. Esta red micelial normalmente solo crece bajo tierra.

Cultivo de setas
Cultivo de micelio en bolsas de plástico para cultivar setas. Se toma tejido vivo de una seta fresca y se coloca en una bolsa sellada rica en nutrientes, donde el micelio crecerá y se esparcirá.

Laboratorio de micelio
Un técnico realiza un control de calidad en una sala limpia, inspeccionando una bandeja de micelio y otros materiales crudos.

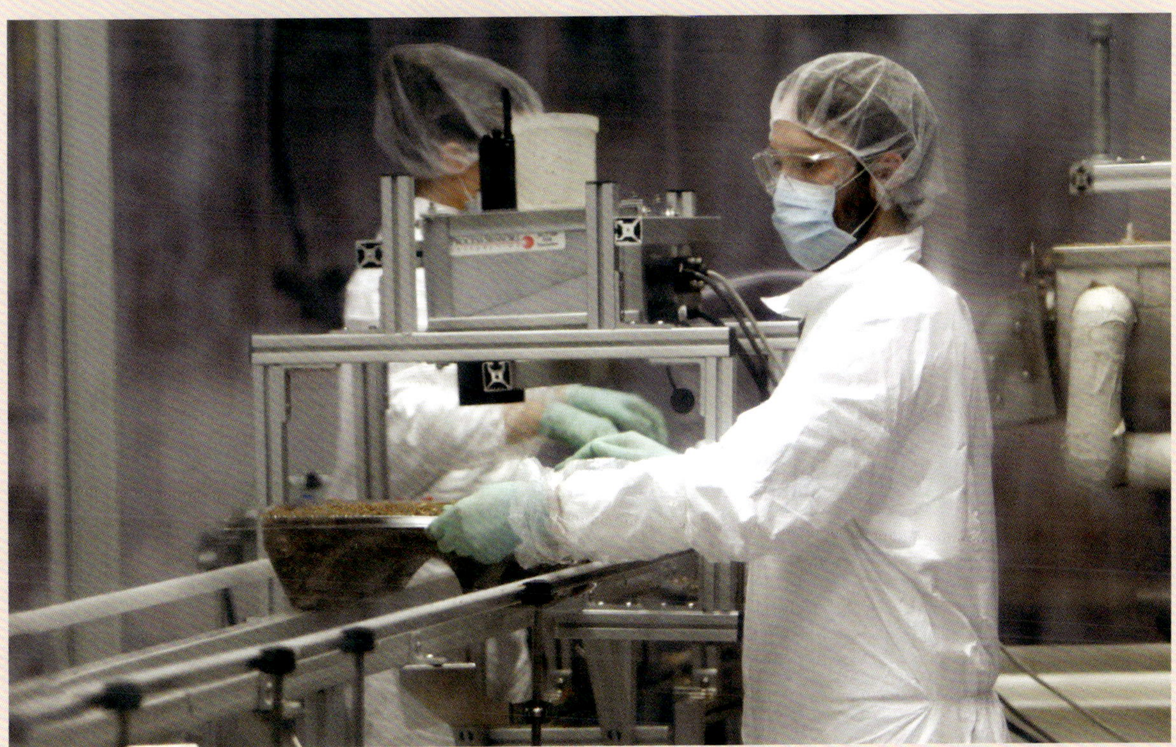

En la construcción se ha descubierto que el micelio es renovable, biodegradable, ligero, un buen aislante y resistente al fuego, marcando varias casillas para un futuro sostenible y apartando el cemento del camino. Según los arquitectos, cuando se trata de casas espaciales hechas con setas, el micelio actúa como un pegamento que une sustratos, como escombros de construcción y plantas, y, con una mínima intervención, incluso es posible la autorreparación.

Está claro que el micelio está demostrando ser un material muy útil, y la diseñadora de moda inglesa Stella McCartney ha estado liderando el camino en cuanto a ropa sostenible, especialmente con el cuero de setas. McCartney lanzó en 2022 el primer bolso de lujo hecho de micelio, y otros grandes diseñadores han seguido su ejemplo.

Posiblemente, una de las invenciones más innovadoras y sostenibles del siglo XXI hasta ahora es el traje de muerte de setas o ataúd, que es una prenda hecha de esporas de setas y otros microorganismos que ayudan a descomponer, neutralizar toxinas y transferir los nutrientes del cuerpo al suelo y a las plantas de manera más rápida y eficiente que en los entierros tradicionales.

Las empresas de embalaje compostable de setas también han estado abordando el problema interminable de los vertederos en nuestro mundo, combinando residuos orgánicos con hongos para producir embalajes que no causan daño. El material crece dentro de un molde, por lo que puede tomar la forma que sea necesaria, y después es compostable.

Glosario

Boleto – Un tipo de hongo o seta, donde el sombrero está claramente separado del pie; en la parte inferior del sombrero suele haber una superficie esponjosa con poros, en lugar de las láminas típicas de las setas.

Endofítico – Cuando el organismo vive dentro de otra planta.

Faldita o anillo – Trozo de carne que rodea el pie de la seta (también conocido como estipe).

Género – Una categoría taxonómica para los organismos; cuando las setas pertenecen al mismo género, comparten varias cualidades similares.

Impresión de esporas – Cuando descubre el color de las esporas de una seta al presionarla.

Micología – El estudio de las setas.

Micófilo – Un entusiasta de las setas.

Micorrízico – Asociaciones fúngicas entre las raíces de las plantas y hongos beneficiosos. Las setas extienden eficazmente el área radicular de las plantas a través de esta relación simbiótica.

Parásito – Cuando el hongo vive de un huésped, como un árbol u otra planta.

Sapróbico – Obtención de nutrientes de materia orgánica muerta; los hongos de este tipo son responsables de la descomposición y desintegración de alimentos.

Saprotrófico – Donde los organismos, como las setas, obtienen nutrientes en solución de materia muerta y en descomposición.

Setas venenosas – Un término para las setas que son incomestibles.

Umbo: Cuando una pequeña punta elevada es prominente en el centro del sombrero de la seta.

Velo parcial – Cubre las láminas desde el borde del sombrero de la seta hasta el pie, enlazado por la falda, mientras está inmaduro.

Velo universal – Un tejido membranoso que cubre una seta en forma de huevo cuando comienza a crecer, luego se rompe a medida que la seta se expande y desarrolla.

Volva – Una forma parecida a una copa en la base del pie de una seta que son los restos de un velo universal.

Índice

Créditos fotográficos

Alamy: 7 (Danita Delimont), 8 abajo (BIOSPHOTO), 19 abajo (Nigel Cattlin), 20 arriba (Picture Partners), 20 abajo (Thomas Smith), 30 izquierda y abajo derecha (Naturepix), 30 arriba derecha (Peter Martin Rhind), 31 arriba (Declan Scammell), 31 abajo (Henri Koskinen), 32 (Marcos Veiga), 33 arriba izquierda (Catherine Gilbrook), 33 abajo izquierda (Hemis), 33 derecha (Henri Koskinen), 34 (blickwinkel), 36 (Melba Photo Agency), 44 arriba (Jonathan Need), 44 abajo (Martin Battilana Photography), 47 arriba (FishHook Photography), 53 derecha (blickwinkel), 57 (Imagebroker), 89 (Jonathan Need), 90 (DP Wildlife Fung), 99 arriba (Anne-Marie Palmer), 103 (Wildlife), 104 arriba (Fotocodst), 116 arriba (Adrian Davies), 118 abajo (dimple/Stockimo), 131 derecha (Craig Joiner Photography), 154 (Granger Historical Picture Archive), 155 arriba (Mike P Shepherd), 155 abajo (Skye Hohmann), 157 (Christopher Briggs), 160 ambos (Jonathan Need), 161 arriba (Andrew Darrington), 161 abajo (David Chedgy/Stockimo), 164 izquierda (Lebrecht Music & Arts), 164 derecha (Science History Images), 165 (blickwinkel), 166 arriba (Florilegius), 174 derecha (Tevarak Phanduang), 175 abajo derecha (Martyn Evans), 178 (Henri Koskinen), 186 (DedMityay), 187 arriba (Justin Long), 187 abajo (Associated Press).

Licencia Creative Commons Attribution-Share Alike 3.0 Unported: 35 (Nathan Wilson), 181 izquierda (Michael (inski)).

Dreamstime: 5 (Romvo), 8 arriba (Digoarpi), 9 (Sheris77), 10 (Petermooy), 11 izquierda (Zanilla), 11 derecha (Fukume), 12 (Bluecollargardens), 14 (Nataliyameln), 15 arriba (Wirestock), 16 abajo (Pnwnature), 18 arriba (Arliftatoz2205), 18 abajo izquierda (Sikth), 18 abajo derecha (Simpsonic), 21 arriba (Nevinates), 21 abajo (Stargatechris), 22 (Toa555), 26 (Sarah2), 27 (Cora2580), 29 arriba izquierda (Fotocods), 37 arriba (Wirestock), 37 abajo (Tomasztc), 38 arriba (Gatekampus), 38 abajo (Kryscina), 39 (Piksel), 40 arriba (Arne9001), 40 abajo (Tamara_k), 41 (Catarii), 42 (Nukcat), 43 (Leko975), 45 (Igorkramar), 46 (Digitalimagined), 48 abajo izquierda (Plazaccameraman), 48 abajo derecha (Fotocodst), 51 (weinkoetz), 52 (Lianem), 53 abajo izquierda (Adam88x), 54 derecha (Vencavolrab), 55 arriba (Physyk), 55 abajo (Fotocods), 56 (weinkoetz), 59 (Pilens), 60 abajo derecha (Vvoevale), 61 arriba (Wirestock), 64 arriba derecha (Krot44), 64 abajo derecha (Heiko119), 66 (Tomasztc), 67 derecha (Maxsol7), 68 arriba (Unicusx), 68 abajo (Photokrolya), 69 (Martinfredy), 70 (Asmalinich), 72 (Pnwnature), 73 arriba izquierda (PhoenixNeon), 74 (Mamsizz), 75 (Tomasztc), 76 arriba (Klodvig), 76 abajo (Cora2580), 77 arriba (Photographieundmehr), 77 abajo (Krzysztof Slusarczyk), 78 arriba (Dabjola), 78 abajo (Okemppainen), 80 (Jukkapalm), 83 arriba y 85 (Wirestock), 83 abajo (Weisschr), 87 (Raptorcaptor), 88 (Tomasztc), 91 (Plazaccameraman), 92 (Fotografiecor), 93 abajo izquierda (Stan Khamet), 95 (Sergeykosov1956), 96 arriba derecha (Adrianam13), 96 abajo derecha (Kazakovmaksim), 97 (Cora2580), 98 arriba (Kevin2945), 98 abajo (Juliedeshaies), 99 abajo (Semmutfantagiro), 100 arriba (Manfredxy), 100 abajo (Tomasztc), 101 (Dr.alex), 102 (Agneskantaruk), 105 izquierda (Philipjones2120), 105 abajo derecha (Bayhu19), 106 abajo (Zayacskz), 107 derecha (Urospetrovic), 108 arriba derecha (Dabjola), 108 medio derecha (Aga7ta), 109 (Voltan1), 110 (Jm73), 111 arriba izquierda (Mikelaptev), 111 abajo (weinkoetz), 112 izquierda (Lantapix), 112 arriba derecha (Jm73), 112 abajo derecha (Thorken), 113 (Tomasztc), 114 izquierda (Helinloik), 114 abajo derecha (Jiri Hera), 116 abajo (Oksana Schmidt), 117 arriba (Blisss), 117 abajo izquierda (Detry26), 118 arriba (Belaruslady), 119 (Helinloik), 120 (Chdecout), 121 arriba (Wirestock), 122 abajo derecha (Cora2580), 124 izquierda (Scisettialfio), 124 arriba derecha (Dar1930), 124 abajo derecha (Freshairphoto), 125 (Jarnogz), 126 medio (Taina10), 127 arriba (Correodehierro), 128 izquierda (Sgoodwin4813), 128 arriba derecha (Artenex), 128 abajo derecha (Taiftin), 130 arriba (Chrismoncrieff), 130 abajo (Rjcvanhees), 131 izquierda (Dragancfm), 132 izquierda (Reika7), 132 arriba y abajo derecha (Ordasitat), 133 (Suwatwongkham), 134 abajo (Kirsanovv), 135 arriba (Maxasrory), 135 abajo izquierda (Geargodz), 135 abajo derecha (Boonchuay), 136 (Porpeller), 137 abajo izquierda (Pasiphae), 137 derecha (Khumthong), 139 (Jm7), 140 arriba derecha (Kanva82), 140 abajo derecha (Pichunter), 141 (Vnikitenko), 142 (Gaschwald), 145 arriba (Witoldkr1), 145 abajo (Tomasztc), 146 arriba (Pryzmat), 146 abajo (Anna1311), 147 arriba (Photokrolya), 147 abajo izquierda (Galinasavina), 149 arriba derecha (Pipa100), 149 abajo derecha (Jianghongyan), 150 arriba (Ralukatudor), 150 abajo (Slowmotiongli), 151 arriba izquierda (Meye0399), 151 abajo izquierda (Tchaosy), 151 derecha (Marcomayer), 152 arriba (Urospetrovic), 156 arriba (Benedekalpar), 156 abajo (Frizzantine), 158 (Sigurbjornragnarsson), 163 abajo (Haraldmuc), 167 arriba (Karayuschij), 168 (Bpm1982), 169 arriba (weinkoetz), 170 arriba izquierda y derecha (Iluzia), 170 abajo (Jm73), 173 arriba izquierda (Rolandm), 174 izquierda (Tloventures), 175 abajo izquierda (Rmorijn), 176 arriba (Digitalimagined), 177 (Wirestock), 179 (Dudakov08), 180 (Philipjones2120), 180 arriba derecha (Matauw), 182 (Pnwnature), 189 (Perfectlab).

Dreamstime/Empire331: 48 arriba, 49, 54 izquierda, 67 izquierda, 71, 79 abajo, 81, 96 izquierda, 104 abajo, 105 en medio derecha, 111 arriba derecha, 121 abajo izquierda y derecha, 171

Getty Images: 19 arriba (Firdausiah Mamat), 117 abajo derecha (Portland Press Herald), 188 (Owen Humphreys-WPA Pool)

Geoffrey Kibby: 6

Dominio público: 166/167 abajo

Shutterstock: 15 abajo (milart), 16 arriba (Martin Hibberd), 17 (Richard Peterson), 23 (Jeffrey B. Banke), 24 both (mikeledray), 25 (Kazakov Maksim), 28 (Kabar), 29 arriba derecha (BelayaMedvedica), 29 abajo (juerginho), 33 en medio izquierda (Ingrid Maasi), 47 abajo (Gertjan Hooijer), 50 (Henrik Larsson), 53 arriba izquierda (ColorWorld), 58 (sasimoto), 60 arriba (Anne Powell), 60 abajo izquierda (Sofina Delva Nurmala), 61 abajo (Voronin76), 62 (Jaroslav Machacek), 63 (Giuma), 64 izquierda (xpixel), 64 en medio derecha (Ivan Marjanovic), 65 (klerik78), 73 abajo izquierda (CarlosR), 73 derecha (gstalker), 79 arriba (Henri Koskinen), 82 (masa44), 84 (antithesis), 86 (puttography), 93 arriba izquierda (Lubomir Dajc), 93 en medio izquierda (Igor Cheri), 93 arriba derecha (Picture Partners), 93 abajo derecha (Khumthong_, 94 (slowmotiongli), 105 arriba derecha (Simon Collins), 106 arriba (Jon Benedictus), 107 izquierda (yevgeniy11), 108 izquierda (Martel), 108 abajo derecha (Tomas Vynikal), 114 arriba derecha (Picture Partners), 115 (puttography), 122 izquierda (milart), 122 arriba derecha (Bukhta Yurii), 123 (godi photo), 126 arriba (milart), 126 abajo (Viktor Loki), 127 abajo (LFRabanedo), 129 arriba (unverdorben jr), 129 abajo (Nataliaova), 134 arriba (Kirsanov Valeriy Vladimirovich), 137 arriba izquierda (John Navajo), 138 (Olga Popova), 140 izquierda (Andriy R), 143 (milart), 144 (lcrms), 147 abajo derecha (Sutorius), 148 (puttography), 149 arriba y abajo izquierda (IgorCheri), 152 abajo (nicepix), 153 arriba (Siam photography), 153 abajo (Julian Patrajaya), 162 izquierda (Roland Magnusson), 162 derecha (roundex), 163 arriba (Nikolay 007), 169 abajo (milart), 172 (Woodize), 173 arriba derecha (Alex Coan), 173 abajo izquierda (Henri Koskinen), 173 abajo derecha (Ville Kangas), 175 arriba (janester64), 176 abajo (Graeme Pearce), 180 abajo derecha (volkova natalia), 181 derecha (Iqbal Pase), 183 (Alangrapher), 184 (Juan Ramon Ramos), 185 (Mike Workman)